高等学校“十一五”规划教材

机械设计制造及其自动化系列

RELIABILITY AND SAFETY DESIGN OF MECHANICAL AND ELECTRICAL SYSTEMS

机电系统可靠性与安全性设计

谢里阳　何雪宏　李佳　编著

哈爾濱工業大學出版社

内容提要

本书以机电系统的可靠性及安全性设计为背景，系统地介绍了可靠性设计、可靠性分析、可靠性计算的概念、方法与模型。在可靠性设计方法的基础内容方面，主要讲述工程中可靠性问题的表述方法和可靠度、失效率、平均无故障工作时间等可靠性度量指标，以及可靠性设计的基本内容和程序；介绍可靠性设计中经常用到的概率分布函数；重点讲解了作为零件可靠性设计基本原理的应力－强度干涉模型及其应用，包括载荷分布参数的计算与强度分布参数的计算等。此外，本书还包括系统可靠性计算、故障树分析等内容，介绍了确定设计安全系统的定量方法。

为了反映可靠性研究的最新进展，并适应研究型大学培养具有创新能力的创新型人才的教学需要，本书在零件可靠性方面，剖析了可靠性发展过程中出现过的、甚至目前仍存在的一些错误观点，介绍了新认识与新观点；在系统可靠性方面，比较详细地介绍了"系统论"思想方法和最新研究成果。

本书既包括可靠性的基本内容，自成体系；也剖析了传统可靠性分析方法与模型中存在的问题及其局限性，反映了可靠性研究的最新进展。因此，本书既可作为工科高年级本科生和研究生教材，也可供从事可靠性研究与应用的工程技术人员使用。

Abstract

With the reliability and safety design of mechanical and electrical system as the scenario, this book systematically presented the concepts, methods, and models concerning reliability design, reliability analysis and reliability calculation. In the introduction chapter (Chapter 1), besides an overview on some modern viewpoints concerning reliability concepts, product (component or system) reliability metrics such as reliability, failure probability, failure rate, mean time to failure, and statistical calculation of these parameters are described in detail, reliability data collection method is presented, and the procedure of product reliability design is outlined.

As a basis of reliability engineering, Chapter 2 and Chapter 3 introduce primary probability theory and typical probability density functions, respectively. Chapter 4 and Chapter 5 present load-strength interference approach and component reliability calculation, as well as component reliability design method including determination of load distribution and component/system strength distribution.

System reliability models and system-level load-strength analysis approach are presented in Chapter 6 and Chapter 7, both independent system and statistically dependent system are involved.

Chapter 8 describes fault tree analysis method including common cause failure treatment. Chapter 9 introduces the method to select product safety factor.

This book can be used as the textbook for both senior undergraduate and graduate levels, as well as a reference book for engineers and researchers in the field of mechanical reliability engineering.

图书在版编目(CIP)数据

机电系统可靠性与安全性设计/谢里阳，何雪宏，李佳编著.—哈尔滨：哈尔滨工业大学出版社，2006.9(2014.8重印)
ISBN 7-5603-2378-2

Ⅰ.机…　Ⅱ.①谢…②何…③李…　Ⅲ.①机电系统-可靠性-系统设计②机电系统-安全性-系统设计　Ⅳ.TH-39

中国版本图书馆CIP数据核字(2006)第078383号

责任编辑　杜　燕
封面设计　卞秉利
出版发行　哈尔滨工业大学出版社
社　　址　哈尔滨市南岗区复华四道街10号　邮编150006
传　　真　0451-86414749
网　　址　http://hitpress.hit.edu.cn
印　　刷　黑龙江省地质测绘印制中心印刷厂
开　　本　787 mm×1 092 mm　1/16　印张10.5　字数222千字
版　　次　2006年9月第1版　2014年8月第2次印刷
定　　价　18.00元

高等学校“十一五”规划教材
机械设计制造及其自动化系列

总　　序

自 1999 年教育部对普通高校本科专业设置目录调整以来,各高校都对机械设计制造及其自动化专业进行了较大规模的调整和整合,制定了新的培养方案和课程体系。目前,专业合并后的培养方案、教学计划和教材已经执行和使用了几个循环,收到了一定的效果,但也暴露出一些问题。由于合并的专业多,而合并前的各专业又有各自的优势和特色,在课程体系、教学内容安排上存在比较明显的"拼盘"现象;在教学计划、办学特色和课程体系等方面存在一些不太完善的地方;在具体课程的教学大纲和课程内容设置上,还存在比较多的问题,如课程内容衔接不当、部分核心知识点遗漏、不少教学内容或知识点多次重复、知识点的设计难易程度还存在不当之处、学时分配不尽合理、实验安排还有不适当的地方等。这些问题都集中反映在教材上,专业调整后的教材建设尚缺乏全面系统的规划和设计。

针对上述问题,哈尔滨工业大学机电工程学院从"机械设计制造及其自动化"专业学生应具备的基本知识结构、素质和能力等方面入手,在校内反复研讨该专业的培养方案、教学计划、培养大纲、各系列课程应包含的主要知识点和系列教材建设等问题,并在此基础上,组织召开了由哈尔滨工业大学、吉林大学、东北大学等 9 所学校参加的机械设计制造及其自动化专业系列教材建设工作会议,联合建设专业教材,这是建设高水平专业教材的良好举措。因为通过共同研讨和合作,可以取长补短、发挥各自的优势和特色,促进教学水平的提高。

会议通过研讨该专业的办学定位、培养要求、教学内容的体系设置、关键知识点、知识内容的衔接等问题,进一步明确了设计、制造、自动化三大主线课程教学内容的设置,通过合并一些课程,可避免主要知识点的重复和遗漏,有利于加强课程设置上的系统性、明确自动化在本专业中的地位、深化自动化系列课程内涵,有利于完善学生的知识结构、加强学生的能力培养,为该系列教材的编写奠定了良好的基础。

本着“总结已有、通向未来、打造品牌、力争走向世界”的工作思路，在汇聚多所学校优势和特色、认真总结经验、仔细研讨的基础上形成了这套教材。参加编写的主编、副主编都是这几所学校在本领域的知名教授，他们除了承担本科生教学外，还承担研究生教学和大量的科研工作，有着丰富的教学和科研经历，同时有编写教材的经验；参编人员也都是各学校近年来在教学第一线工作的骨干教师。这是一支高水平的教材编写队伍。

这套教材有机整合了该专业教学内容和知识点的安排，并应用近年来该专业领域的科研成果来改造和更新教学内容、提高教材和教学水平，具有系列化、模块化、现代化的特点，反映了机械工程领域国内外的新发展和新成果，内容新颖、信息量大、系统性强。我深信：这套教材的出版，对于推动机械工程领域的教学改革、提高人才培养质量必将起到重要推动作用。

蔡鹤皋
哈尔滨工业大学教授
中国工程院院士
2006年8月10日

前　言

可靠性理论与方法如同最优化理论与方法一样，是一种在社会、经济、工程各领域都有广泛应用价值、能产生显著经济效益的普适性理论与通用技术方法。因而，对于工程学科的学生、工程领域的学者及研究、开发人员来说，可靠性设计的思想、观点、方法与高等数学、普通物理一样，不仅仅是一种方法、一种技术，同时也是培养基本科学素养所必需的内容之一。

可靠性设计理念与方法的出现是机械设计领域的一次革命性的进步。在设计准则、材料评价、保证安全的策略，以至最终产品的性能、质量等方面，可靠性设计与传统的确定性设计都有明显不同。

在21世纪，设计的重要性更加突出，设计对产品的贡献率更为显著。为了更好地满足市场的需求，保证产品质量，避免设备失效事故发生，实现企业效益最大化，科学、先进的可靠性与安全性设计是必不可少的。

本书较为系统地介绍了可靠性设计的理论与方法。内容安排的原则是：先进、适用、完整。为了适应研究型大学培养具有创新能力的创新型人才的教学需要，本书在零件可靠性方面，剖析了可靠性发展过程中出现过的、甚至目前仍存在的一些错误观点；在系统可靠性方面，比较详细地介绍了"系统论"思想方法和最新研究成果，反映了可靠性研究的最新进展。因此，本书不仅可以作为高校本科生教材，也适合研究生和可靠性设计、研究人员使用。

在可靠性设计方法的基础内容方面，本书主要讲述工程中可靠性问题的表述方法和可靠度、失效率、平均无故障工作时间等可靠性度量指标，以及可靠性设计的基本内容和程序；介绍可靠性设计中经常用到的概率分布函数；并重点讲解了作为零件可靠性设计基本原理的应力－强度干涉模型及其应用，包括载荷分布参数的计算与强度分布参数的计算等。此外，本书还包括系统可靠性计算、系统可靠性分配、故障树分析、事件树分析、影响与重要度分析等内容，介绍了确定设计安全系统的定量方法。

可靠性与风险分析工程是21世纪具有战略意义的重要科学与工程之一。国家中长期科技发展纲要、"十一五"科技发展规划、"十一五"高技术发展计划等都把重大装备与重大工程的可靠性问题放到了非常重要的位置。作者愿借本书的出版，尽其绵薄之力，为我国机械制造领域可靠性理论、方法的普及与推广应用做出贡献。

编　者
2006年6月

目　录

第1章 可靠性与安全性工程概述

1.1 产品的可靠性与安全性

工程中处处都有可靠性与安全性问题。美国“挑战者”号和“哥伦比亚”号航天飞机、前苏联切尔诺贝利核电站等事故所引起的严重后果，都足以说明产品的可靠性问题会引起严重的安全事故。人造卫星、载人宇宙飞船等可靠性技术成功的典范，不仅为国家带来荣耀，更说明了高科技的发展要以可靠性技术为基础。在现代生产中，可靠性与安全性技术已贯穿于产品的研制、设计、制造、试验、使用、运输、保管及维修保养等各个环节中。

可靠性是表征产品(零件或系统)使用安全性的质量指标，表示产品能安全可靠地实现规定功能的能力。可靠性有时也用在一般的意义上，泛指可靠性、可用性、耐久性和安全性等。可用性与可靠性及维修性有关，是可修复系统可工作时间占总时间(工作时间＋维修时间)的比例。维修性与恢复故障系统的功能所需的时间有关。耐久性多用于诸如磨损、疲劳等与时间相关的失效场合。可靠性、维修性、可用性、耐久性这四个指标是相互关联的，其中任一个指标的改变都意味着其他指标也发生了相应的变化。

产品的可靠性指产品在规定的条件下，在规定的时间内完成规定功能的能力。规定的条件不同，产品的可靠性也将不同。例如，同一台设备在室内、野外(寒带或热带、干旱地区或潮湿地区)、海上、空中等不同的环境条件下工作，其可靠性也是不同的。

“规定的时间”是可靠性区别于产品其他质量属性的重要特征，产品的可靠性水平会随着使用或储存时间的增加而降低。因此，以数学形式表示的可靠性特征量是时间的函数。这里的时间概念不限于一般的时间概念，也可以是产品的操作次数、载荷作用次数、运行距离等。

“规定功能”是要明确具体产品的功能是什么，以及怎样才算是完成规定功能。产品丧失规定功能称为失效，对可修复产品通常也称为故障。

机械产品一般是可维修的，要使一台设备发挥更好的作用，不仅要求在单位时间内出现的故障次数少，故障间隔时间长，而且要求维修时间短。将产品的能工作时间与总时间之比称为产品的有效性，产品的有效性是指可修产品维持其功能的能力。

可靠性是许多工程领域(如机械工程、电子工程、通信网络、交通运输、航空航天等)共同关心的问题，其理论基础是依据可靠性数学。然而，不同领域的可靠性问题有各自不同的特点。例如，人的可靠性问题与设备的可靠性问题不同，软件系统的可靠性问题与硬件系统的可靠性问题不同，机械系统的可靠性问题与电子系统的可靠性问题也有明显的不同。还需要认识到的是，可靠性分析与预测本身不能解决产品可靠性低或可用性差的问题，分析与预测的作用是为进一步改进或决策提供基础信息，以便决定是更改或替换零件、重新设计系统或提高系统的冗余度等等。

可靠性是产品质量属性中的专门特性之一。质量包括产品(零件或系统)的性能指标、专门特性、经济性、适应性等多方面。产品的性能指标是指描述其基本功能的参数,如结构的强度、发动机的输出功率等;专门特性是指描述其保持规定性能指标的能力,包括产品的可靠性、维修性、可用性、安全性、检测性等,如结构强度在规定时间内不发生退化、发动机能连续工作若干小时并保证在此期间输出功率不低于规定的值;经济性是指在整个寿命期内的总费用,即全寿命周期费用。

随着现代系统的复杂化,专门特性显得更加重要。这是由于:

(1) 工程系统日益庞大和复杂,使系统的可靠性和安全性问题表现日益突出,导致风险增加。如航天飞机,作为一个由数十万个零件组成的系统,可靠性是至关重要的问题。

(2) 应用环境更加复杂和恶劣。从深海到太空,严酷的环境对系统高可靠性、高安全性等综合特性的实现提出了新的挑战。

(3) 系统要求的持续无故障任务时间加长。如太空探测器的长时间无故障飞行要求、通信网络的关键任务不停机要求等,迫使工程系统必须具有良好的可靠性、安全性等专门特性。

(4) 系统的专门特性与使用者的生命安全直接相关。如核能、载人航空航天器、高速列车等系统的可靠与安全是生命安全的基本保证。

(5) 市场竞争的影响。"性能优良、功能齐全" 并不是用户选择产品时考虑的唯一因素。产品是否可靠、是否好修,维护保养费的多少,寿命多长等都对用户的选择产生重要的影响。

可靠性是一门由可靠性数学、可靠性物理和可靠性工程三部分内容构成的学科。其中,可靠性数学是指研究解决各种可靠性问题的数学模型和数学方法,属于应用数学的范畴,主要内容有概率论与数理统计、随机过程、运筹学等。可靠性物理是指研究失效现象、失效机理与检测方法等。可靠性工程是指包括对产品的失效及其发生的概率进行统计、分析,对产品进行可靠性设计、可靠性预测、可靠性试验、可靠性评估、可靠性检验、可靠性控制、可靠性维修及失效分析等,它立足于系统工程方法,运用概率论与数理统计等数学工具,研究产品故障,找出薄弱环节,确定提高产品可靠性的途径,并综合地权衡经济、功能等方面的得失,使产品的可靠性达到预期指标。可靠性工程包括了对零件、部件和系统等产品的可靠性数据的收集与分析、可靠性设计、预测、试验、管理、控制和评价等。

可靠性工程主要有以下四个方面的工作:

(1) 可靠性管理。可靠性管理是指制定可靠性计划和其他可靠性文件(如可靠性指标等),对生产过程的可靠性进行监督,计划评审,建立失效报告,分析和改进系统,收集可靠性数据和进行可靠性教育等。

(2) 可靠性设计。可靠性设计是指建立可靠性模型,进行可靠性预计、可靠性分配,以及选择和控制部件指标,确定可靠性关键部件等。产品可靠性设计是指在产品的开发设计阶段,将载荷、强度等有关设计量及其影响因素作为随机变量对待,应用可靠性数学理论与方法,使所设计的产品满足预期的可靠性要求。产品开发设计阶段的主要内容还包括预测设计对象的可靠度、找出并消除薄弱环节、不同设计方案之间的可靠性指标比较等。可靠性设计包括定量分析与定性分析两个方面。

(3) 可靠性试验。可靠性试验是指进行环境应力筛选试验、可靠性增长试验、可靠性鉴定试验、可靠性验收试验等。

(4) 可靠性评价。可靠性评价是指对零件及系统的失效模式、影响及危害性分析、故障树分析、概率风险等进行评价。

1.2 可靠性工程发展历史

可靠性学科是第二次世界大战后从电子产品领域中发展起来的。在机械工程领域中,A. M. Freudenthal 于 1947 年提出了著名的应力 - 强度干涉模型,至今为止,应力 - 强度干涉模型仍是机械可靠性设计中使用的最基本的模型。干涉分析的基本思想是:在可靠性设计中,将应力和强度均作为随机变量,这两个随机变量一般有"干涉"区存在,我们分别用 $h(s)$ 和 $f(S)$ 表示它们的概率密度函数,借助于应力 - 强度干涉分析,可以得出零件的可靠度 R 的计算公式,即

$$R = \int_0^\infty h(s)\left[\int_S^\infty f(S)\mathrm{d}S\right]\mathrm{d}s \tag{1.1}$$

这里,应力和强度都是广义的概念,可以认为"应力"是施加于零件上的任何种类的可能导致失效的物理量,如应力、温度、腐蚀、辐射等,而"强度"是零件能够抵抗相应"应力"的能力。

1957 年,美国电子设备可靠性咨询委员会发表了题为"军用电子设备的可靠性"的电子产品可靠性理论和方法的文献,标志着可靠性工程已经发展成为一门独立的工程学科,由此,也表明了传统可靠性理论与方法的基本特点,即主要涉及的是具有恒定失效率的二态元件及具有元件独立失效特征的二态系统。根据传统的观点,系统的可靠度可以由零件的可靠度确定。例如,根据系统的功能结构,传统的串联系统可靠性模型为

$$R_s = \prod_{i=1}^{n} R_i \tag{1.2}$$

传统的并联系统可靠性模型为

$$R_s = 1 - \prod_{i=1}^{n}(1 - R_i) \tag{1.3}$$

式中,R_s 为系统可靠度,R_i 为零件可靠度,n 为系统包含的零件数。

显然,以上系统可靠性模型都隐含着这样一个假定条件:系统中各零件的失效是相互独立的。

从 20 世纪 60 年代开始,应力 - 强度干涉模型也被应用于疲劳强度的可靠性设计中。在 20 世纪 70 年代前后,D. Kececioglu 和 E. B. Haugen 等人提出了一整套基于干涉模型的疲劳强度可靠性设计方法,并在工程上得到了应用。

材料在循环载荷的长期作用下,强度逐渐衰减,因此,疲劳载荷 - 疲劳强度干涉模型本质上应该是一个动态概率模型,但当寿命给定时,疲劳强度的分布是一定的,这样,就将

动态概率模型转变成了静态概率模型。但存在的困难是给定寿命下的疲劳强度分布难以确定。

除了需要对载荷进行统计分析、统计描述外,应用应力 - 强度干涉模型进行疲劳可靠性分析的一个重要内容是确定材料的疲劳强度的概率分布。W. Weibull 曾指出:疲劳强度分布可以从试验所得到的数据中间接获得,也可以从直接的疲劳寿命分布中转换而来。也就是说,寻求疲劳强度概率分布可以从实验研究或理论推导两方面入手。

因为疲劳性能对表面缺陷、显微结构、环境工况等都十分敏感,疲劳试验数据的分散性一般都很大,因此,无法事先确定一个应力水平使得一个试件在预定寿命 N 处恰好破坏。正如美国国家标准指出:“不能通过试验的方法直接测得 N 次循环下的疲劳强度概率分布”。对于疲劳强度概率分布的实验研究只能采取一些间接测量的方法。

可靠性的研究与应用经历了初期发展阶段、可靠性工程技术发展形成阶段和可靠性广泛应用阶段,实现了从理论研究到工程应用、从电子产品到机械产品、从定性分析到定量计算的发展。对于机械行业来说,可靠性研究集中在可靠性工程方面,从理论到工程应用的研究都方兴未艾,在工程实际应用方面,还有大量问题有待解决。目前,可靠性工程的研究主要集中在以下几个方面:

1. 可靠性基本理论

(1) 有关应力、强度与寿命的分布理论。对于机械产品中广义的应力和强度的分布,目前都沿用电子产品中的各项分布理论,常用的包括二项分布、泊松分布、正态分布、对数正态分布、指数分布和威布尔分布等。目前对于强度的正态分布和寿命的威布尔分布的研究比较多,包括对合适的分布形式的选择和参数的估计方面。

(2) 机械系统的可靠性理论。可靠性预测和可靠性分配(可靠性优化设计) 问题始终是系统可靠性分析与可靠性设计最为关心的问题。由于机械产品与电子产品特点的明显不同,目前常用的可靠性预测和可靠性分配方法在工程实际中的应用还存在着大量的问题。这方面的研究集中于对零件间的失效相关性、产品性能的多状态性等方面。

2. 结构可靠性

在零部件强度与可靠性分析方面已提出了各种各样的方法,但对涉及复杂承载结构、涉及载荷分担的情形,采用的还都是比较简单、近似的方法,计算精度不是很高。

对机械结构和机械系统的可靠性问题,目前大多是在各元件独立失效的假设条件下进行分析与设计,与真实情况相差较大。多年来的实践已使人们认识到,要想较为精确地预测结构的可靠性,必须使用系统工程学理论把结构作为一个系统来看待,使用系统分析的方法进行可靠性分析。由于在方法与模型上还没有做到这一点,因此目前部件、结构及系统可靠性指标的确定主要还是得依靠实验。

3. 机构可靠性

实现预期运动和承受或传递动力是机构的两大基本功能,而可靠性正是针对产品功能而言的。因此,根据机构的两大基本功能,可将机构可靠性问题划分为与承载能力相关的可靠性问题和与运动功能相关的可靠性问题,前者一般可归结为机械结构零部件的可靠性问题,目前已有较成熟的方法,后者属于机构功能可靠性问题,这仍是目前研究的热点。

4.与时间相关的失效及可靠性

在机械可靠性领域,对承受各种动载荷的结构及零部件的疲劳特性研究至今仍是最复杂的问题之一,原因是疲劳特性对材料性能、构件的几何形状、表面质量、载荷历程及服役环境等极为敏感。同时,对构件以规定的功能在给定时间内无故障工作的要求日益突出,因此,疲劳可靠性研究得到了广泛重视。疲劳可靠性设计要综合考虑失效机理、载荷、强度、尺寸、环境等设计因素的随机性,可应用概率论、数理统计及疲劳设计理论,通过建立数学模型,进行可靠度计算,将构件在给定时间内发生疲劳失效的概率限制在某一给定的数值下,使设计更加安全可靠、经济合理。

1.3 系统及零件失效状态与特点

传统的系统可靠性理论涉及的主要问题是零件及系统完全失效的概率,以及系统失效与零部件(完全)失效之间的逻辑关系。例如,在串联系统中,关心的是“系统中一个零件发生失效”这样的事件,因为任一个零件的失效都导致整个系统功能的丧失,在表决系统中,关心的是“系统的 n 个零件中有 k 个以上零件失效”这样的事件,或一个、多个零件失效后系统的可靠性降低;而在并联系统中,关心的是“系统中所有零件都发生失效”这个事件,因为只有当全部零件都失效时系统才失效。这里,“失效”的含意多是完全失效,很少关注零部件的部分失效对系统功能及可靠性的影响。在结构系统可靠性研究中,对结构系统中部分结构断裂后结构系统中载荷转移和重新分配及相应的可靠性问题进行过较多的研究,但对结构局部的非完全失效(表现形式为出现一定尺寸的裂纹或其他形式的性能指标退化等)本身的概率特性及其对系统可靠性的影响的考虑则较少。目前,已有越来越多的研究工作涉及结构、零件或系统的老化问题和模糊性问题、多状态问题,因此发展了多状态系统可靠性理论。

在工程实际问题中,绝大部分结构或零部件的失效都有一个过程,都表现出明显的渐变特征,而系统失效表现为多个零件性能变化的集合效应。突变型失效是较少见的,而且大部分所谓的突变失效也都是许多局部失效累积(反映为渐变过程)的结果。对于一个系统而言,突变型失效也可以发生在所涉及的元件并未完全失效的情形,因为决定一个系统的状态及其变化的因素往往是多个,而不是一个。在系统状态变化过程中可能有多个因素同时在起作用,这多个起作用的因素变化到了一定的程度,系统就会发生突变。

在传统的可靠性研究中,一般是把研究对象看做只有两种状态,即对一个零件或系统来说,或者失效,或者不失效(处于完好状态),这是由于对研究对象的特性过分简化的结果。究其原因,一方面是由于可靠性理论是以古典概率论为基础的,而古典概率论最基本的特征就是二态性和等可能性;另一方面是由于可靠性研究是从电子产品开始的,人们所关心的主要是电路的“通”或“断”等问题,自然对问题的性质进行了简化和抽象。除此之外,还有一个潜在的原因是,“长期以来,自然科学工作者,尤其是物理学家和数学家,由于受欧几里德几何学及纯数学方法的影响,习惯于对复杂的研究对象进行简化和抽象,建立起各种理想模型(绝大多数是线性模型),把问题纳入可以解决的范畴”。

1.4 可靠性设计中的成本概念

在某种意义上,系统优化设计的核心是系统效能与寿命周期费用两者之间的权衡。系统效能是系统在规定的条件下满足给定特征和服务要求的能力。系统的寿命周期费用(LCC),是系统在整个寿命周期内,为获取并维持运行(包括处置)的总费用,它包括硬件、软件的研制费、生产费、后勤保障费,以及在研制、采办、使用、技术保障和处置过程中所需的各种费用。不同的系统,其寿命周期费用构成不完全相同,各构成成分间的比例关系也不完全一样。

在讨论产品的可靠性时,应该注意产品的可靠性、成本和利润三者之间的关系。产品的可靠性与产品的设计、制造成本及使用维护费用之间关系如图 1.1(a) 所示,其为传统观点,该图显示了提高产品的设计可靠性,会导致生产成本的增加,但使用、维护费用随着可靠性的提高而降低,图中总费用是各项成本及费用之和。

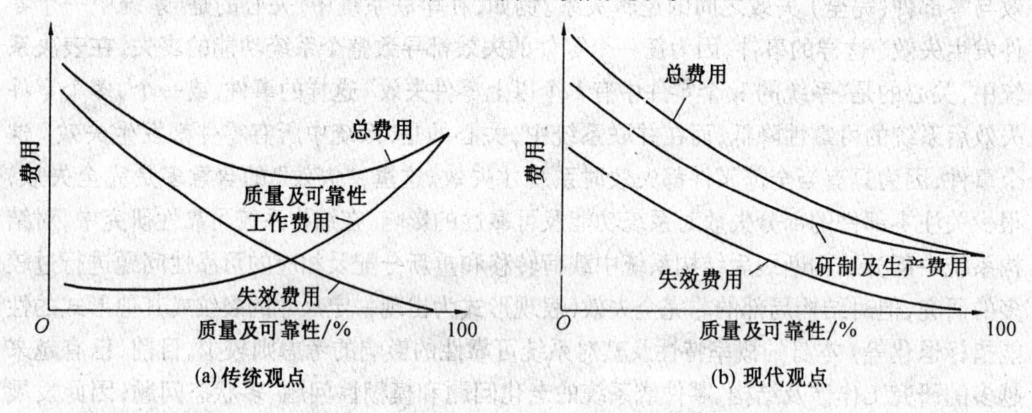

图 1.1 全寿命周期费用与可靠性的关系

图 1.1(a) 是与可靠性相关的理论“成本 - 效益”关系的传统表述。尽管它看起来很直观并在有关质量和可靠性的教科书中频繁出现,但却不总能真实地反映总费用与可靠性之间的客观规律。

所有的失效都有其原因,所以应该询问“与无所作为的代价相比,预防和纠正这些原因的投入产出比是多少?”当对每个潜在的或实际的原因以这种方式进行分析时,几乎总是清楚地表明,随着可靠性的提高,总费用会继续下降。换句话说,用在有效的可靠性工作方面的所有工作都是一种投资,通常也都会在短期内就有较大的回报。因此,更为实际的状况如图 1.1(b) 所示。

关于这一点,唯一的难题是不大容易量化所规定的可靠性工作的各项活动(例如一定量的试验等) 对达到的可靠度所起的作用。

要获得可靠的设计和可靠的产品,需要一种综合的处理方法,包括设计、试验、生产,也包括可靠性工作的各项活动,这种综合的工程处理方法对项目经理及团队成员的判断能力和对工程知识的掌握提出了很高的要求,作为团队成员,可靠性专家们必须起到应起的作用。

在制造质量方面，质量管理大师戴明(Deming)解释了为什么不存在进一步提高质量会导致更高的费用的分界点，因此当考虑整个产品寿命周期时这一观点就更为真实。与在生产质量方面的改进相比较，保证设计内在可靠性的努力，通过先进的设计和有效的研制试验，能产生更高的利润(图1.2)，图1.2(b)中σ表示质量指标的标准差。

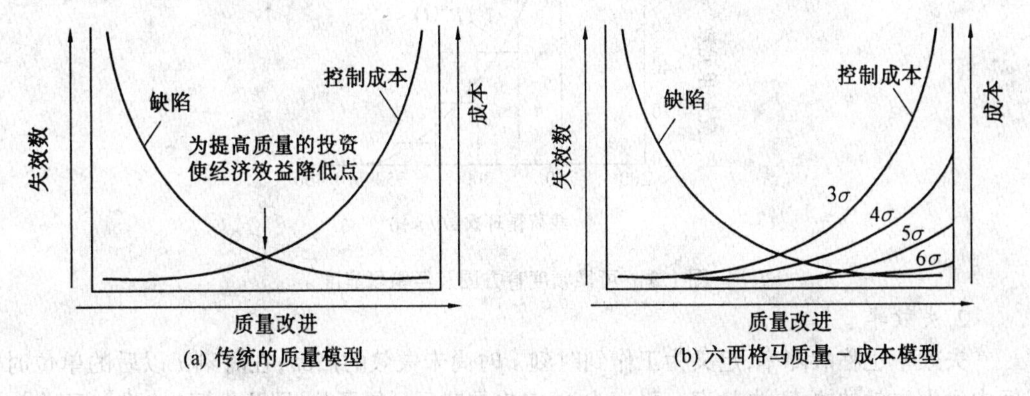

图1.2 成本－质量模型

1.5 产品可靠性指标

1. 可靠度

可靠度是指产品在规定条件下和规定时间内，完成规定功能的概率，记为$R(t)$。可靠度是时间的函数，故$R(t)$也称为可靠度函数。若产品寿命t的概率密度函数为$f(t)$，可靠度函数可用公式表示为

$$R(t)=\int_t^{\infty}f(t)\mathrm{d}t\quad(t\geqslant 0)\tag{1.4}$$

显然，可靠度是时间的单调递减函数，随着时间t的增加，可靠度函数$R(t)$单调下降，且有$0\leqslant R(t)\leqslant 1$。与之相对应，产品失效概率$F(t)$的定义为

$$F(t)=\int_0^{t}f(t)\mathrm{d}t\tag{1.5}$$

显然，$R(t)+F(t)=1$。

可靠度、失效概率的统计意义可表述如下：设有n个同一型号的产品(概率意义上相当于属于同一母体)，工作到时刻t时有$n(t)$个失效，则

$$\hat{R}(t)\approx\frac{n-n(t)}{n}\tag{1.6}$$

$$\hat{F}(t)\approx\frac{n(t)}{n}\tag{1.7}$$

将失效函数$F(t)$对时间t微分，即得到失效密度函数$f(t)$(也叫故障密度函数)，即

$$f(t)=\frac{\mathrm{d}F(t)}{\mathrm{d}t}=-\frac{\mathrm{d}R(t)}{\mathrm{d}t}\tag{1.8}$$

$f(t)$的统计意义可表达为

$$f(t)=\lim_{\Delta t\to 0}\frac{n(t+\Delta t)-n(t)}{n\Delta t}\tag{1.9}$$

到某一时刻仍具有工作能力的产品所占的比例可以用可靠频度直方图来表示(图1.3)。将图各柱状图形的中点用线段连接起来,可表示经验可靠度。

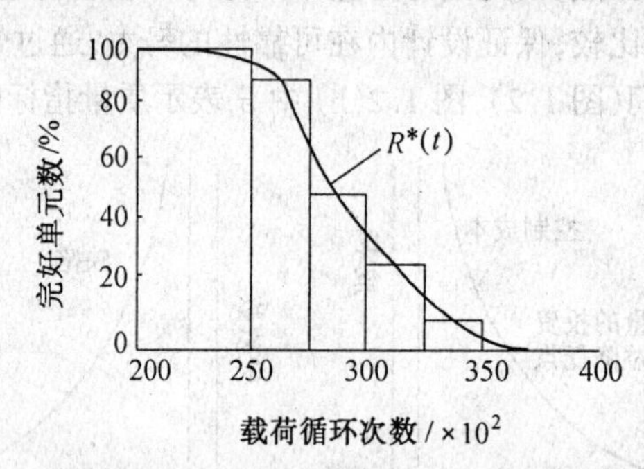

图 1.3 可靠频度直方图及经验可靠度

2. 失效率

失效率也称故障率,定义为工作到时刻 t 时尚未失效的产品,在时刻 t 以后的单位时间内发生失效的概率。失效率一般记为 λ,它也是时间 t 的函数,因此也记为 $\lambda(t)$,称为失效率函数,有时也称为故障率函数或风险函数。

根据定义,失效率是在时刻 t 尚未失效的产品在 $t+\Delta t$ 的单位时间内发生失效的条件概率,即

$$\lambda(t) = \lim_{\Delta t \to 0} \frac{1}{\Delta t} P(t < T \leqslant t + \Delta t) \tag{1.10}$$

其观测值为在时刻 t 以后的单位时间内发生失效的产品数与工作到该时刻尚未失效的产品数之比,即

$$\lambda(t) = \lim_{\Delta t \to 0} \frac{n(t+\Delta t) - n(t)}{[n - n(t)]\Delta t} \tag{1.11a}$$

在失效率为常数 λ 的简单情况下,有

$$\lambda = \text{失效数} / \text{总运行时间} \tag{1.11b}$$

例如,100 个产品工作到 80 h 时尚有 50 个仍未失效,在 80 ~ 82 h 内又失效 4 个,则 $\Delta n_f(t) = 4, n_s(t) = 50, \Delta t = 2$,故

$$\hat{\lambda}(80) = + \frac{4}{50 \times 2} = 0.04$$

平均失效率是指在某一规定时期内失效率的平均值。如图 1.4 所示,在 (t_1, t_2) 内失效率的平均值为

$$\bar{\lambda}(t) = \frac{1}{t_2 - t_1}\int_{t_1}^{t_2} \lambda(t)\mathrm{d}t \tag{1.12}$$

平均失效率的观测值,对于不可修复的产品是指在一个规定的时期内失效数与累积工作时间之比;对于可修复的产品是指它在使用寿命期内的某个观测期间一个或多个产品的故障

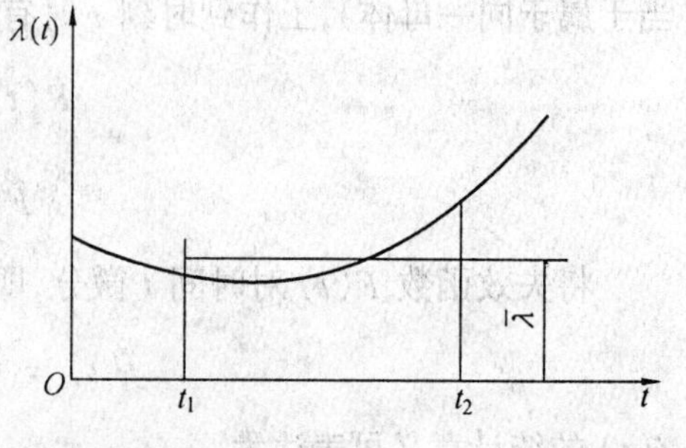

图 1.4 失效率及其在有效寿命期间的均值

发生次数与累积工作时间之比,即

$$\hat{\lambda}(t)=\frac{r}{\sum t} \tag{1.13}$$

式中 r—— 在规定时间内的失效数;

$\sum t$—— 规定时间内的累积工作时间。

失效率的单位用单位时间的百分数表示,例如 %/10^3h,可记为 10^{-5}/h。对高可靠性则用 10^{-9}/h 作为单位。由式(1.13) 可以看出,常将失效率的单位取为单位时间的失效数,即 1/h。

例如,失效率 $\lambda = 0.002\,5/(10^3\text{h}) = 0.25\times10^{-5}/\text{h}$,表示 10 万个产品中,每小时只有 0.25 个产品失效。

例 1.1 有 10 个零件在指定运行条件下进行了 600 h 的试验。零件失效情况如下:零件 1 于 75 h 时失效,零件 2 于 125 h 时失效,零件 3 于 130 h 时失效,零件 4 于 325 h 时失效,零件 5 于 525 h 时失效。在试验中有 5 个零件发生了失效,总运行时间为 4 180 h,则由式(1.13) 得每小时的失效率为

$$\lambda = 5/4\,180 = 0.001\,196\ /\text{h}$$

例 1.2 假设某系统的运行周期为 169 h,如图 1.5 所示,在此期间,发生了 6 次故障,工作时间为 142 h,则每小时的失效率为

$$\lambda = 6/142 = 0.042\,25\ /\text{h}$$

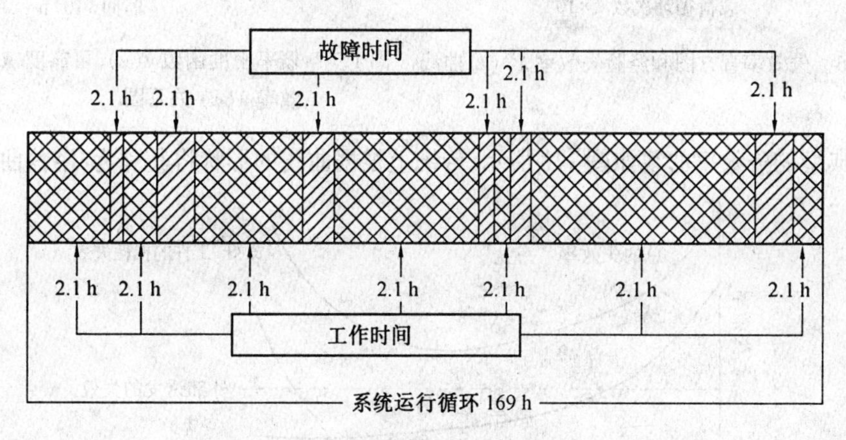

图 1.5 系统的运行情况示意图

失效率 $\lambda(t)$ 与可靠度 $R(t)$、失效概率密度函数 $f(t)$ 的关系为

$$\lambda(t)=\frac{f(t)}{R(t)} \tag{1.14}$$

由于

$$f(t)=-\frac{\mathrm{d}R(t)}{\mathrm{d}t}$$

所以有

$$\lambda(t)\mathrm{d}t=-\mathrm{d}R(t)/R(t),\quad \int_0^t\lambda(t)\mathrm{d}t=-\ln R(t)\Big|_0^t$$

即

$$R(t) = e^{-\int_0^t \lambda(t)dt} \tag{1.15}$$

若 $\lambda(t)$ 为常数,则有

$$R(t) = e^{-\lambda t} \tag{1.16}$$

图1.6为失效率直方图和经验失效率 $\lambda^*(t)$ 曲线。值得注意的是,最末级的失效率必然趋向于 ∞,这是由于不再存在完好产品。

某时刻 t 的失效率可以解释为在时刻 t 现有零件完好的前提下,一个零件失效的危险程度。倘若考察一个确定的时刻 t,失效率就表明在下一个单位时间内,当前所有完好零件中将以多大的比率失效。图1.7为概率密度函数 $f(x)$,可靠度 $R(x)$ 与失效率 $\lambda(x)$ 的关系图。

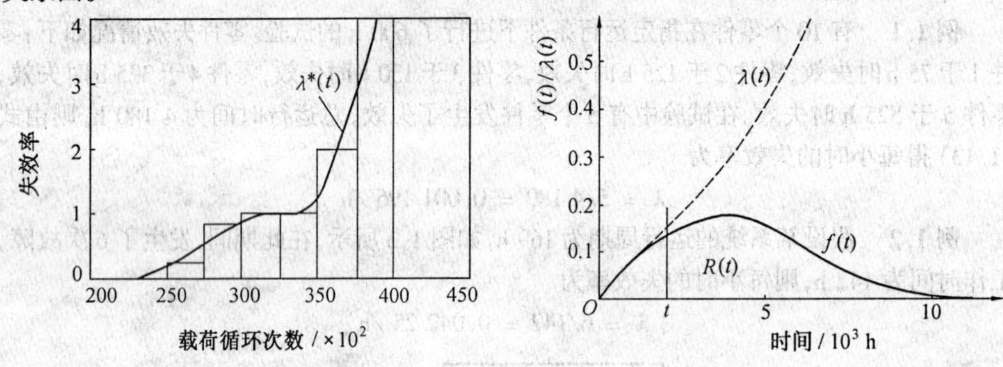

图1.6　失效率直方图和经验失效率 $\lambda^*(t)$ 曲线　图1.7　概率密度函数 $f(x)$、可靠度 $R(x)$ 与失效率 $\lambda(x)$ 关系图

典型的失效率曲线如图1.8所示,传统上根据曲线的形状将其称为"浴盆曲线"。

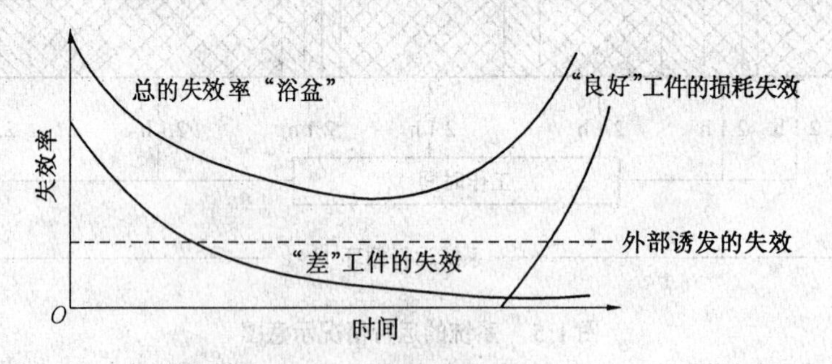

图1.8　典型失效率曲线

(1) 早期失效

在产品投入使用的初期,产品的故障率较高,但表现出迅速下降的特征,这一阶段产品的故障主要是由设计和制造中的缺陷(如设计不当、材料缺陷、加工缺陷、安装调整不当等)造成的,这种缺陷在产品投入使用后很容易暴露出来,但这类失效可以在一定程度上通过加强质量管理及采用老化筛选等办法消除。

(2) 偶然故障

在产品投入使用一段时间后,产品的故障率可降到一个较低的水平,且基本处于平稳

状态，可以近似认为故障率为常数。这一阶段产品的故障主要是由操作或维护缺陷等随机因素造成的，这种失效一般难以事先预料。偶然故障阶段是产品的主要工作期间。

(3) 耗损失效

产品投入使用一定时间后，将进入产品的耗损故障期，其特点是产品的故障率迅速上升。这一阶段产品的故障主要是由老化、疲劳、磨损、腐蚀等耗损性因素造成的。采取定时维修、更换等预防性维修措施，可以降低产品的故障率，以减少由于产品故障所带来的损失。

并非所有产品的失效率曲线都可以分出明显的三个阶段。系统的失效率曲线、电子元件的失效率曲线、机械零件的失效率曲线、软件的失效率曲线各有不同的特征。高质量的电子元器件其故障率曲线在其寿命期内基本是一条平稳的直线，而质量低劣的产品可能存在大量的早期失效或很快进入耗损失效阶段。与之相关的一个问题是，指数分布这个在传统可靠性分析中广泛应用的寿命分布形式的适用范围实际上是很有限的，它只适用于失效率为常数的情形。几种不同产品的失效率曲线的形式如图 1.9 所示。浴盆曲线可以明显地划分为三个范围：早期失效范围、偶然失效范围以及耗损失效范围。

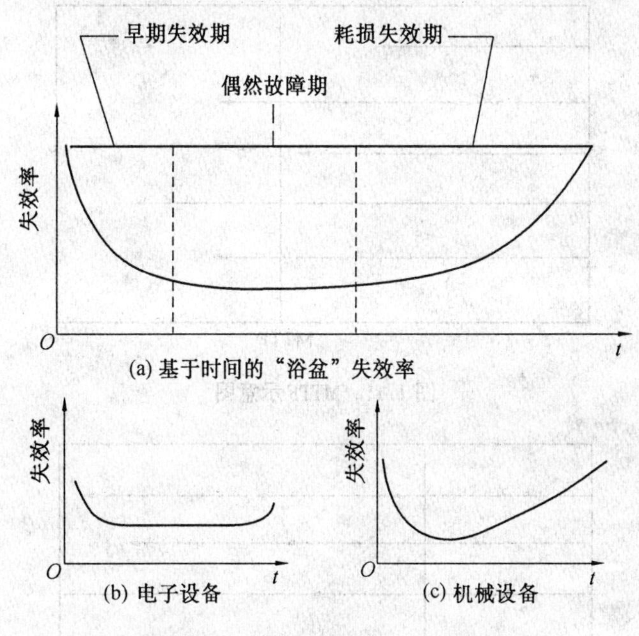

图 1.9　几种不同产品的失效率曲线

图 1.10 表示机械零件的失效率曲线。由图可见，机械零件的失效率曲线没有 λ = 常数的部分，因为机械零件的主要失效形式如疲劳、腐蚀、磨损及蠕变等都属于典型的损伤累积失效，而且影响失效的因素复杂。所以，随着时间的延长，失效率是递增的，即 $\lambda(t)$ 为非降函数。在试验和运行初期，少数零件由于材料本身存在的严重缺陷，或者工艺过程中形成的裂纹和缺陷，以及严重的应力集中等，使得少数零件一旦承受载荷就很快失效，因而出现一定的初期失效率，但和电子元件相比，它要小得多。随后，零件进入正常使用期，由于损伤不断积累，失效率不断增大。

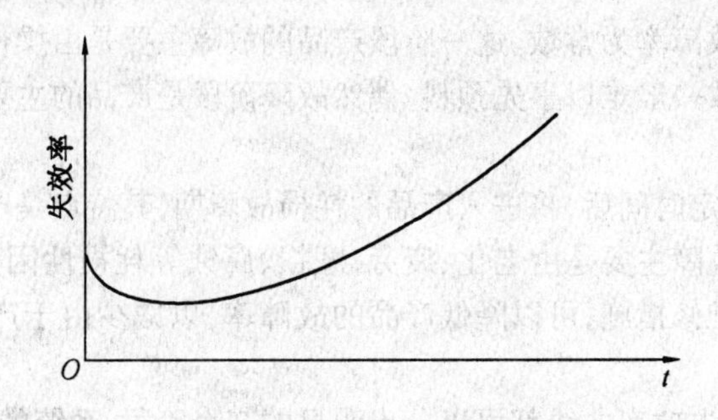

图 1.10　机械零件的失效率曲线

3. 平均寿命

在产品的寿命指标中，最常用的是平均寿命。对于不可修复的产品，平均寿命是指产品从开始使用到失效这段有效工作时间的平均值，记为 MTTF(Mean Time to Failure)，如图 1.11 所示。对于可修复的产品，平均寿命指的是平均无故障工作时间，记为 MTBF(Mean Time between Failures)，如图 1.12 所示。

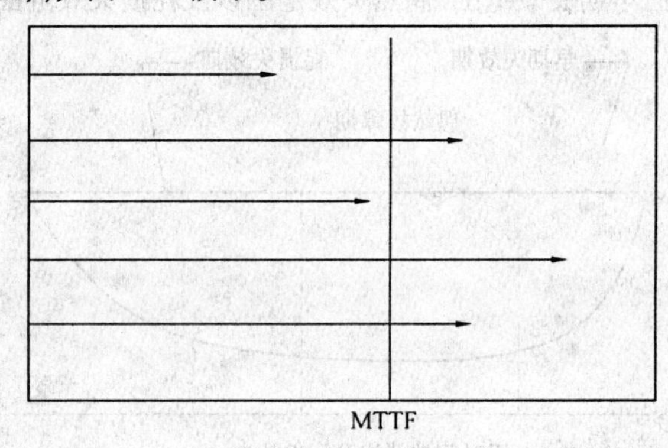

图 1.11　MTTF 示意图

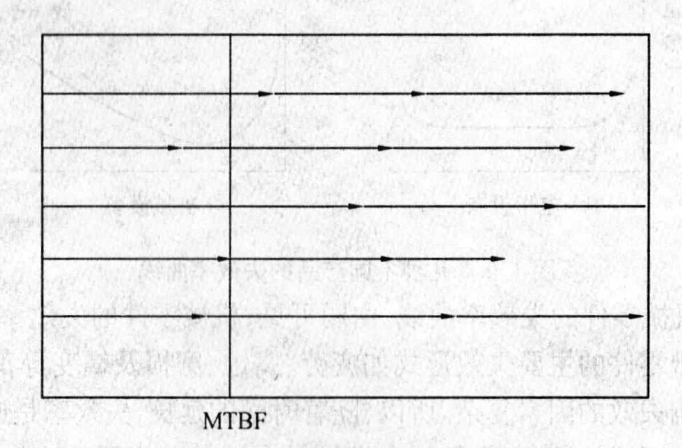

图 1.12　MTBF 示意图

平均寿命通常用寿命均值表示，其经验算术平均值由失效时间 $t_1, t_2, \cdots, t_n$ 按式

$$\hat{\theta} = \frac{t_1 + t_2 + \cdots + t_n}{n} = \frac{1}{n}\sum_{i=1}^{n} t_i \tag{1.17}$$

求出。

算术均值对与其偏离较大的“离散值”很敏感，也就是说，一个极短的或极长的失效时间会大大地影响均值的大小。

另一个表示平均寿命的参数是中位数 t_{med}，中位数是当失效数正好为总失效数一半时的失效时间。也就是说，中位数将概率密度函数曲线 $f(t)$ 与横坐标轴围成的面积分成相等的两部分。因此，中位数 t_{med} 可以简单地通过失效概率 $F(t)$ 与时间的关系求出，即

$$F(t_{med}) = 0.5 \tag{1.18}$$

中位数与均值相比，最大的优点在于它对偏离较大的“离散值”很不敏感，一个很小的或很大的失效时间都不会使中位数移动。

还有一个参数是众数 t_{mod}，最常出现的数值称为众数。因此，众数 t_{mod} 可以从密度函数 $f(t)$ 中简单求出，t_{mod} 是当密度函数最大时的失效时间。

在概率论中，众数具有重要的意义。假如进行一个试验，就可以预料大多数零件在寿命等于众数时失效。

均值 t_m、中位数 t_{med} 和众数 t_{mod} 在一般的非对称分布时各不相同(图1.13)。只有当密度函数曲线完全对称时(正态分布就属于这种情形)，这些参数值才相等。

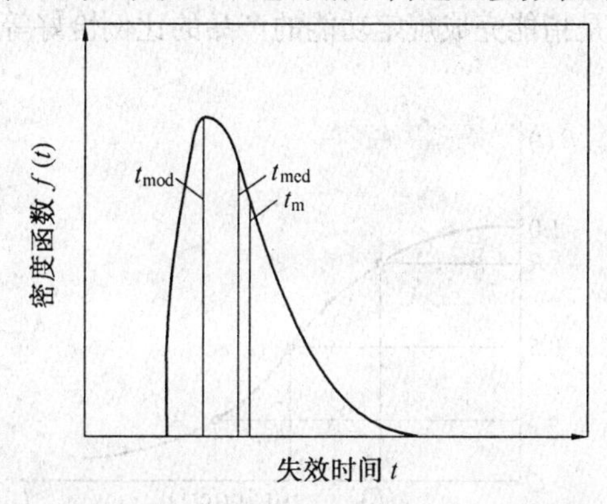

图1.13　概率密度分布及均值、中位数和众数

平均寿命 θ 与其他有关参数的关系为

$$\theta = \int_0^{\infty} tf(t)\mathrm{d}t \tag{1.19}$$

由于

$$\theta = \int_0^{\infty} - t\mathrm{d}R(t) = -[tR(t)]_0^{\infty} + \int_0^{\infty} R(t)\mathrm{d}t = \int_0^{\infty} R(t)\mathrm{d}t$$

即

$$\theta = \int_0^{\infty} R(t)\mathrm{d}t \tag{1.20}$$

当产品失效率 $\lambda(t)$ 为常数 λ 时，有

$$\theta = 1/\lambda \tag{1.21}$$

4.寿命方差与标准差

平均寿命是一批产品中各个产品的寿命的平均值，它只能反映这批产品寿命分布的

中心位置，而不能反映各产品寿命与此中心位置的偏离程度。

寿命方差和标准差是用来反映产品寿命离散程度的特征值，寿命方差为

$$s^2 = \frac{1}{n-1}\sum_{i=1}^{n}(t_i - \theta)^2 \tag{1.22}$$

寿命标准差为

$$s = \sqrt{\frac{1}{n-1}\sum_{i=1}^{n}(t_i - \theta)^2} \tag{1.23}$$

5. 可靠寿命、中位寿命与特征寿命

可靠寿命是指可靠度为给定值 R 时的工作寿命，用 t_R 表示。

中位寿命是指可靠度 $R = 50\%$ 时的工作寿命，用 $t_{0.5}$ 表示。

特征寿命是指可靠度 $R = e^{-1}$ 时的工作寿命，用 $t_{e^{-1}}$ 表示。

如图 1.14 所示，一般可靠度随着工作时间 t 的增大而下降，对给定的不同 R，则有不同的 $t(R)$，即

$$t_R = R^{-1}(R) \tag{1.24}$$

式中 R^{-1}——R 的反函数，即由 $R(t) = R$ 反求 t。

可靠寿命的观测值是指能完成规定功能的产品的比例恰好等于给定可靠度时所对应的时间。

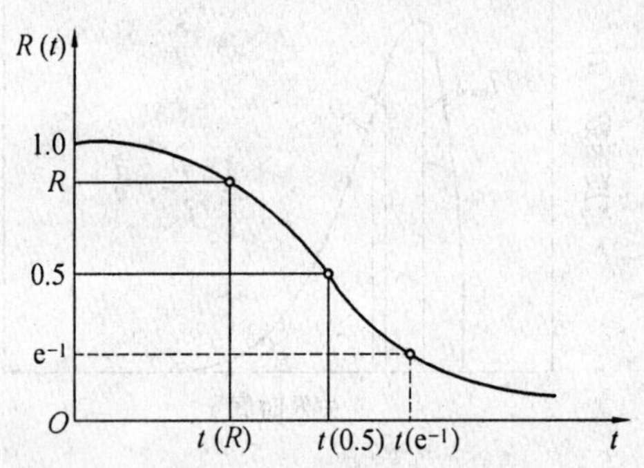

图 1.14 可靠寿命和中位寿命

例 1.3 某产品的失效率为常数，即 $\lambda(t) = \lambda = 0.25 \times 10^{-4}$/h，可靠度函数 $R(t) = e^{-\lambda t}$，试求可靠度 $R = 99\%$ 时的相应寿命 $t_{0.99}$，并求产品的中位寿命和特征寿命。

解 因为

$$R(t) = e^{-\lambda t}$$

故有

$$R(t_R) = e^{-\lambda t_R}$$

两边取对数

$$\ln R(t_R) = -\lambda t_R$$

得可靠寿命

$$t_{0.99} = -\frac{\ln R(t_{0.99})}{\lambda} = -\frac{\ln 0.99}{0.25 \times 10^{-4}}\ \text{h} = 402\ \text{h}$$

中位寿命

$$t_{0.5} = -\frac{\ln R(t_{0.5})}{\lambda} = -\frac{\ln 0.5}{0.25 \times 10^{-4}}\ \text{h} = 27\ 726\ \text{h}$$

特征寿命

$$t_{e^{-1}} = -\frac{\ln(e^{-1})}{\lambda} = -\frac{\ln 0.367\ 9}{0.25 \times 10^{-4}}\ \text{h} = 40\ 000\ \text{h}$$

6.维修度

产品的维修性可用其维修度来衡量。维修度的定义是对可维修的产品在发生故障或失效后在规定的条件下和规定的时间$(0,\tau)$内完成修复的概率，记为$M(\tau)$。

与维修度相关的特征量还有平均修理时间和修复率。平均修理时间MTTR(Mean Time to Repair)是指可修复的产品的平均修理时间。修复率$\mu(\tau)$是指维修时间已达到某一时刻但尚未修复的产品在该时刻后的单位时间内完成修理的概率。

7.有效度

有效度也称可用度，是指可维修的产品在规定的条件下使用时，在某时刻t具有或维持其功能的概率。有效度是综合可靠度与维修度的广义可靠性尺度。

有效度A为平均无故障工作时间对平均无故障工作时间(MTBF)与平均修理时间(MTTR)之和的比，当平均无故障工作时间和平均修理时间为指数分布时，可表达为

$$A = \frac{\text{MTBF}}{\text{MTBF} + \text{MTTR}} = \frac{\mu}{\mu + \lambda}$$

式中 λ——失效率；
μ——修复率。

1.6 可靠性参数采集

1.6.1 直方图和密度函数

产品(零件或系统)的可靠性特征量可以通过各种统计方法获得，可以用函数或图形很直观地表示出来。用图形描述可靠性特征的最简单的方法是采用失效频度直方图。

图1.15(a)中所列某产品的失效时间(产品寿命)是在一定的时间范围内随机出现的，图中哪个时间段中的试验数据点密集，就说明失效在这个时间段频繁发生。作失效频度直方图的方法与步骤如下。

(1)先把n个离散的失效时间(产品寿命)观测值$t_i(i = 1,2,\cdots,n)$按由小至大顺序排列，即$t_1 \leqslant t_2 \cdots \leqslant t_i \cdots \leqslant t_n$，再将横坐标划分成时间区间，求出各区间中的失效数(样本数)。如果某次失效正好落在边界上，就各算一半给两个相邻的两个区间。适当地选择区间大小或边界，一般可以避免这种情况发生。

将时间轴划分成区间，并把失效时间归类到相应区间，称为对观测值分级。在分级之后，落在每一级中的失效时间观测值都用该区间的中值来代替。由原来不同的数值变成了区间的中值，显然遗失了一些细节信息。但通过分级，以信息的损失为代价获取了表达的直观性。可见，区间的数量如果选得过宽，就会遗失过多的信息。相反，如果区间选得过细，

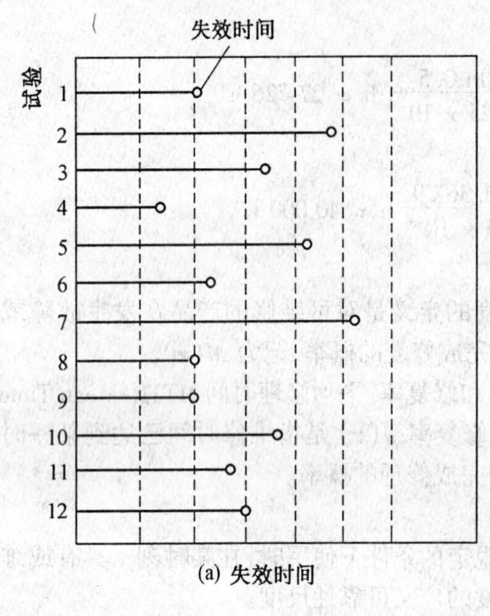

(a) 失效时间

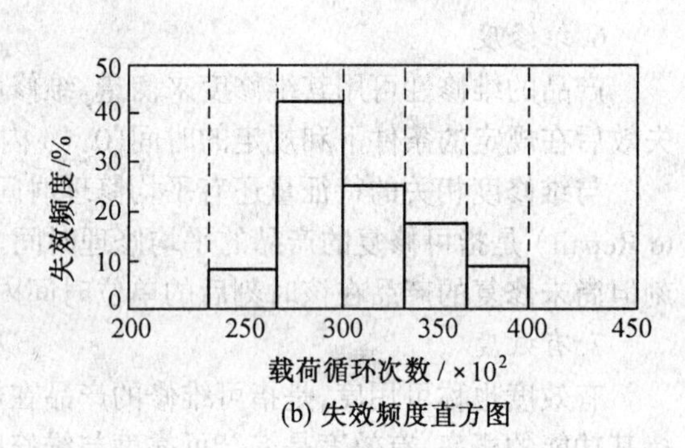

(b) 失效频度直方图

图 1.15 失效时间和失效频度直方图

则会在某些区间出现空档,使连续的失效分布中断,因而不适宜于确切的描述。区间数 k 粗略地估计为

$$k \approx \sqrt{n} \tag{1.25}$$

(2) 确定区间宽度。先从观测值中找出最大值和最小值,求出总区间范围。一般取各区间为等宽,故区间宽度为

$$h = \frac{t_n - t_1}{k} \tag{1.26}$$

(3) 确定区间边界。取不大于观测值中最小值 t_1 的一个合适的坐标值为起点,由该点起每增加一个区间宽度处作为一个区间边界,直至全部观测值都被包含为止,并取各区间中值作为该区间的代表值。

(4) 作频数和频率分布表,绘频数和频率直方图(图 1.15(b))。各级(区间)中的样本数(失效数)用不同高度的柱状图形来表示,柱的高度或纵坐标值可以是绝对频度 $h_{\text{abs}}(i)$,即

$$h_{\text{abs}}(i) = \text{区间 } i \text{ 中的样本数} \tag{1.27}$$

或常用的相对频度 $h_{\text{rel}}(i)$,即

$$h_{\text{rel}}(i) = \text{区间 } i \text{ 中样本数 / 样本总数 } n \tag{1.28}$$

在图 1.15(b) 中,长条图形的高度为相对频度,纵坐标以百分数表示。

还可以用经验密度函数 $f^*(t)$ 取代直方图来描述失效特征(图 1.16)。作法是把直方图中柱状图形的中点用直线连接起来表示失效频度与失效时间之间的关系。“经验”是指这个密度函数是在有限的失效数据(样本)基础上作出来的。

如果试验零件的数量不断增加,就可以得到真正的密度函数,区间的数量按照公式(1.25) 随试验数据的增加而增加,对极限过程 $n \to \infty$,直方图的轮廓逼近于一条光滑连

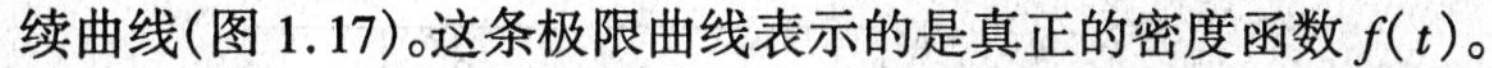
续曲线(图1.17)。这条极限曲线表示的是真正的密度函数 $f(t)$。

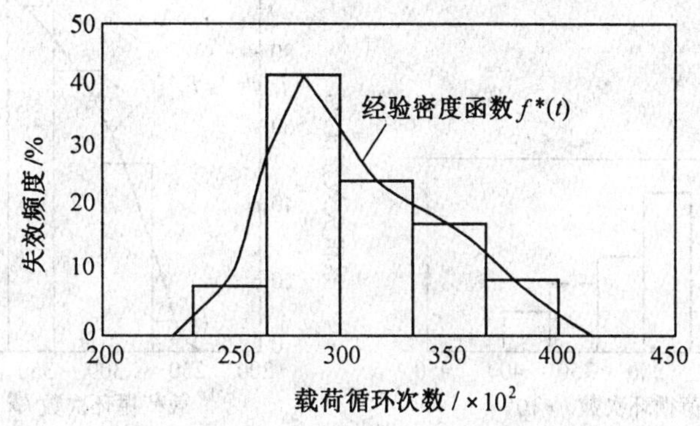

图1.16 失效频度直方图和经验概率密度函数 $f^*(t)$

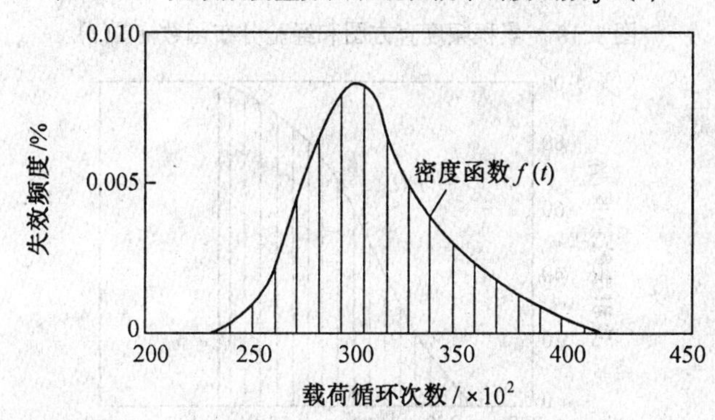

图1.17 失效频度直方图与概率密度函数 $f(t)$

极限 $n \to \infty$ 意味着对一个很大总体的所有零件都进行试验,以此得到精确的失效特征。在试验数据很少的情况下,经验密度同真实密度函数会有显著的差异。

频度直方图或密度函数把失效数描述为时间的函数,它们是描述失效特征最简单又最直观的途径。通过频度直方图,除了可以表示失效时间的离散范围以外,还能表达大多数失效出现的范围。

1.6.2 分布函数和失效概率

在许多情况下,并不是对某个时刻或某个区间内的失效数感兴趣,而更多的是需要知道,在某个时刻(或区间)之前总共有多少零件失效。这个指标可以用累积频度直方图来表示。将图1.18(a)所示的直方图中各区间的失效数对失效时间进行累加,就可构成图1.18(b)所示的累积频度直方图。由此,可以得到第 $m(m = 1 \sim k)$ 级累积频度 $H(m)$,即

$$H(m) = \sum_{i=1}^{m} h_{\mathrm{rel}}(i) \tag{1.29}$$

同密度函数一样,到某时刻的失效数的总和也可以用一个函数来表示,这个函数被称为经验分布函数 $F^*(t)$(图1.18(b))。

如果将试件数量不断增加,区间选得越来越小,在极限 $n \to \infty$ 情况下,累积频度直方图的轮廓逼近于一条光滑曲线,成为真正的分布函数 $F(t)$(图1.19)。

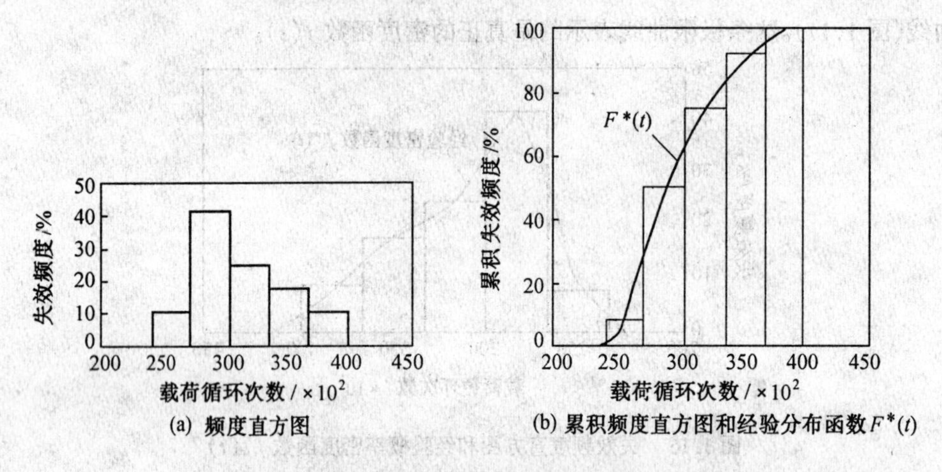

图 1.18 累积频度直方图和经验分布函数 $F^*(t)$

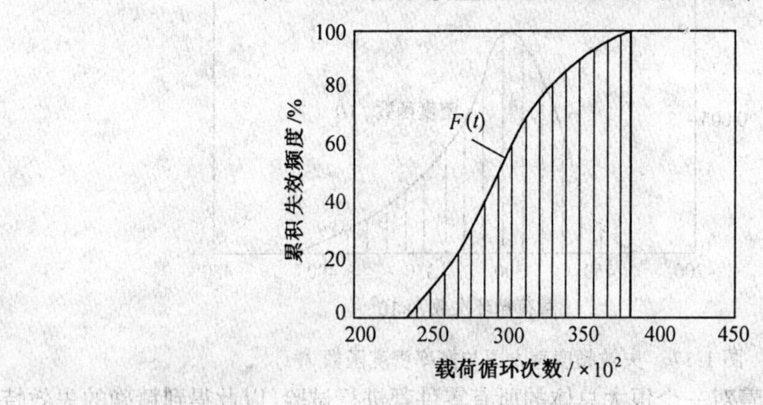

图 1.19 累积频度和分布函数

分布函数总是从 $F(t)=0$ 开始，并单调增加。当所有零件都失效时，分布函数终止于 $F(t)=1$。

由极限过程可知，分布函数为密度函数的积分，即

$$F(t)=\int_0^{\infty} f(t)\mathrm{d}t \tag{1.30}$$

而密度函数为分布函数的导数，即

$$f(t)=\frac{\mathrm{d}F(t)}{\mathrm{d}t} \tag{1.31}$$

在可靠性理论中，一般将分布函数 $F(t)$ 称为失效概率，因为函数 $F(t)$ 描述了到某一时刻发生失效的概率。

1.7 可靠性设计的一般程序

可靠性设计的一般程序如图 1.20 所示。这个程序不仅要靠承担设计工作的人员，而且要靠从事质量管理、可靠性分析、生产工程、维修、服务、销售的技术人员以及用户的共同工作。在设计阶段不仅要使用传统设计所需的技术资料，而且必需参考质量管理、维修、

使用、环境、市场等各种资料,将收集的情报进行处理,并具体反映到设计中。

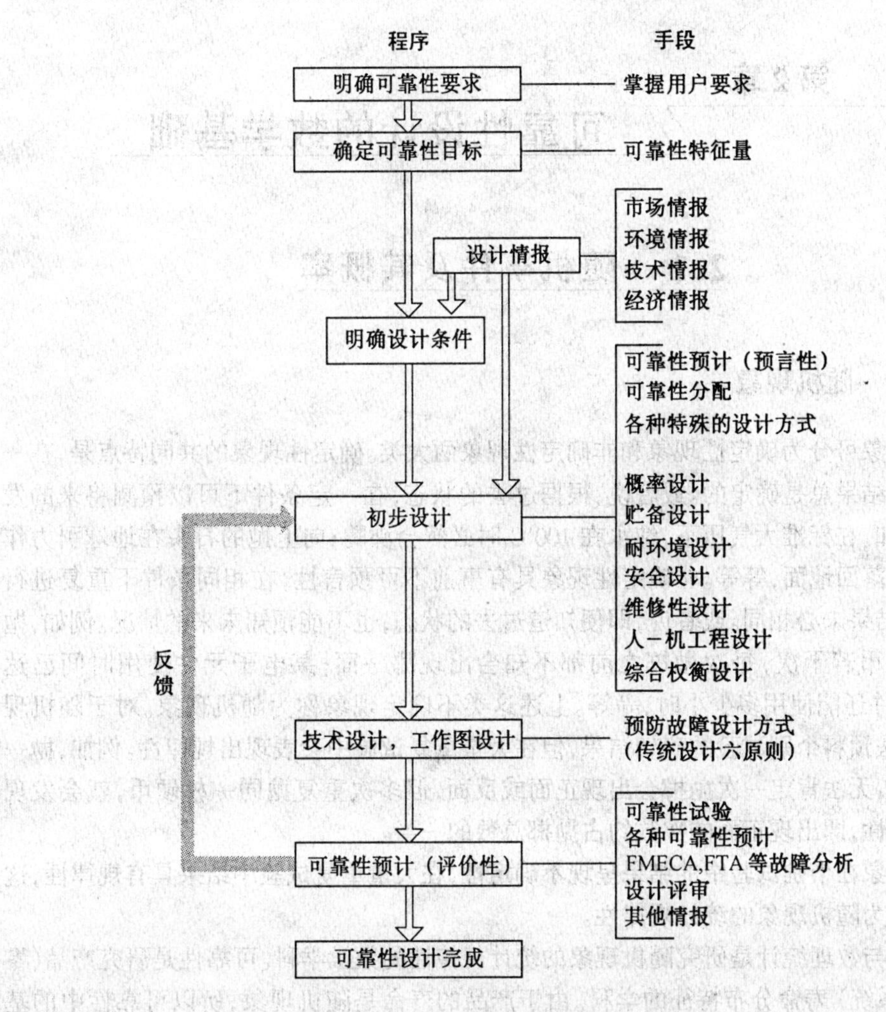

图1.20 可靠性设计一般程序

可靠性设计首先要明确产品的可靠性要求,确定可靠性目标。一般除特殊用户的产品外,很少给出可靠性规格或目标值,通常是通过了解用户要求、竞争企业的动向、技术水平的现状和发展趋势等来确定。可靠性目标一般应包括功能、能源消耗、动力性能、可靠性指标以及安全性维修等。

试制新产品很少一次就成功,通常需经多次改进设计,逐步提高以达到可靠性目标值。在初步设计和技术设计告一段落后,还需再进行可靠性预计,做必要的可靠性试验,对重要的部分用故障模式、效应及危害度分析(FMECA)、故障树分析(FTA)等方法进行可靠性、安全性分析,邀请有关各方面专家就可靠性进行评议审查。将设计的缺陷、潜在的故障原因、弥补的对策反馈给设计人员,进行改进设计,逐步完善可靠性设计。

第2章 可靠性设计的数学基础

2.1 随机事件及其概率

2.1.1 随机现象

客观现象可分为确定性现象和非确定性现象两大类。确定性现象的共同特点是，在一定的条件下结果总是确定的。或者说，根据过去的状态，在一定条件下可以预测将来的发展情况。例如，在标准大气压下，纯水在100℃时必然会沸腾；向上抛的石头在地球引力作用下必然要落回地面，等等。非确定性现象具有事前不可预言性，在相同条件下重复进行试验，每次结果未必相同。或者说，即便知道过去的状态，也不能预知未来的情况。例如，抛一枚均匀硬币若干次，每次抛掷之前都不知会出现哪一面；某电子元件使用时间已达300 h，该元件还能使用多少小时，等等。上述这类不确定现象称为随机现象。对于随机现象，事先无法预料个别试验的确切结果，但在大量重复试验中会表现出规律性。例如，抛一枚均匀硬币，无法肯定一次抛掷会出现正面或反面，但多次重复抛同一枚硬币，就会发现明显的规律性，即出现正面的次数约占抛掷总数的一半。

随机现象在个别试验中的结果呈现不确定性，在大量重复试验中结果具有规律性，这种规律性称为随机现象的统计规律性。

概率论与数理统计是研究随机现象的统计规律性的数学学科。可靠性是研究产品（零件、设备和系统）寿命分布特征的学科。由于产品的寿命是随机现象，所以可靠性中的基本概念和解决问题的方法都是在概率论与数理统计的基础上建立起来的。

2.1.2 随机试验与随机事件

对社会现象、自然现象进行观察和各种科学实验统称为试验，而具有以下特征的试验称为随机试验：

(1) 可以在相同条件下重复进行。

(2) 试验的全部可能结果在试验前就能确知。

(3) 一次试验结束之前，不能准确预知可能结果中的哪一个出现。

例如，抛一枚硬币，观察出现正反面情况，这是随机试验，记为 E_1。试验 E_1 可以在相同条件下重复进行。试验 E_1 的可能结果在试验前就可明确有两个，正面向上和正面向下。重复抛掷同一枚硬币，试验前不知会出现正面向上还是正面向下，不能准确预知哪一个结果会出现。

任意抽取100只同一型号的晶体管,记录其中的不合格品个数,这也是随机试验,记为 E_2。试验 E_2 可以在相同条件下重复进行。在100只晶体管中的不合格品个数可能是0,或1,或2,或100…,但完成测试前,不能肯定究竟有多少个不合格品。

在一批器件中任抽一只,测试它的寿命,也不能预知其具体数值。

我们称随机试验中可能发生、也可能不发生的事件为随机事件,简称事件,常用大写字母 A、B、C…… 表示。随机现象的一个基本结果就是一个事件,这种事件称为简单事件,随机现象的若干个基本结果也可组成一个事件,称为复杂事件。

测试器件的寿命,用 T 表示其寿命(单位为小时),$t(t > 0)$ 为任意实数,下面列举的都是复杂事件:

(1) C_1 = 寿命不超过1 000小时 = $\{t \leqslant 1\,000\}$。

(2) C_2 = 寿命不低于3 000小时 = $\{t \geqslant 3\,000\}$。

(3) C_3 = 寿命在2 000到5 000小时之间 = $\{2\,000 \leqslant t \leqslant 5\,000\}$。

从上述例子可以看出,随机现象的任意一个事件都可以看成是由其若干个基本结果组成的。

在随机事件中还有两种特殊事件,一种是必然事件,另一种是不可能事件。在一定条件下,每次试验肯定会发生的称为必然事件,每次试验肯定不会发生的称为不可能事件。一般用 Ω 表示必然事件。

2.1.3 事件之间的关系与事件的运算

1. 事件的包含与相等

设有事件 A 与 B,若 A 发生则 B 必发生,则称事件 B 包含事件 A,或 A 包含于 B,记为

$$B \supset A \quad 或 \quad A \subset B \tag{2.1}$$

若 $A \supset B$,同时 $B \supset A$,则称事件 A 与 B 相等,记为

$$A = B \tag{2.2}$$

2. 事件的和与积

若 n 个事件 $A_1, A_2, \cdots, A_n$ 中至少有一个事件发生,事件 C 就发生,则事件 C 称为事件 $A_1, A_2, \cdots, A_n$ 的和,记为

$$C = A_1 \cup A_2 \cup \cdots \cup A_n = \bigcup_{i=1}^{n} A_i \tag{2.3}$$

若事件 D 表示"事件 $A_1, A_2, \cdots, A_n$ 同时发生"这一事件,则称 D 为事件 $A_1, A_2, \cdots, A_n$ 的积,记为

$$D = A_1 \cap A_2 \cap \cdots \cap A_n = \bigcap_{i=1}^{n} A_i \tag{2.4}$$

3. 事件的差

如果事件 E 表示"事件 A 发生而事件 B 不发生"这一事件,则称 E 为事件 A 与事件 B 的差,记为

$$E = A - B \tag{2.5}$$

4. 互逆事件与互不相容(互斥)事件

若事件 B 为非 A 事件,则称 A 是 B 的对立事件或互逆事件,记为

$$A = \bar{B} \quad 或 \quad B = \bar{A} \tag{2.6}$$

若事件 A 与事件 B 不能同时发生,称 A 与 B 互不相容,即两者之间没有公共元素,记为

$$A \cap B = \varnothing \tag{2.7}$$

例如,必然事件与不可能事件是互不相容的,互逆的两个事件必为互不相容事件,反之则不然。

2.1.4 概率

概率论研究相继发生或同时发生的大量现象的统计特性,应用领域包括电话呼叫、质量控制、系统故障、机遇游戏、统计力学等。在许多领域中,当观测次数增加时,某些量的平均值会趋于一个常数。即使平均是对实验前特定的任何子序列进行,其值仍保持不变。例如,在投掷硬币的实验里,正面出现的比例接近 0.5 或其他某个常数,如果每投掷四次而只取第四次计数,仍然会得到相同的值。

概率是表示事件发生可能性大小的数量指标,通常用频率近似表示,或者说,事件 A 的概率是赋予这一事件的一个数 $P(A)$。

例如,如果实验重复进行了 n 次,事件 A 发生 n_A 次,则当 n 足够大时,A 发生的相对频率 n_A/n 以高度的确定性接近 $P(A)$

$$P(A) \approx n_A/n \tag{2.8}$$

显然,$0 \leqslant P(A) \leqslant 1$。从大量试验中所得到的随机事件 A 的频率的稳定值 $P(A)$,即为事件 A 的概率的统计表达。然而,这种解释是不精确的。因为术语“足够大”、“以高度的确定性”和“接近”的含义都是不明确的。

将概率应用于实际问题时,必须明确区分下列情形:

(1) 情形 1(物理的):用一个不准确的过程来确定某一事件 A_i 的概率 $P(A_i)$。这一过程可以用来描述概率与观测之间的关系(式(2.8))。概率 $P(A_i)$ 等于观测的比值 n_A/n,也可从某种对称性出发进行推理,如果总共出现 n 个结果,其中 n_A 个结果属于事件 A,则 $P(A) = n_A/n$。

例如,如果把一颗偏心的骰子投掷 1 000 次,有 200 次出现 5 点,那么“5 点”的概率等于 0.2。如果骰子是均匀的,由于对称性,可以推知出现 5 点的概率应等于 1/6。

(2) 情形 2(概念的):假定概率满足某些公理,通过演绎推理从某事件 A_i 的概率 $P(A_i)$ 确定另一事件 B_j 的概率 $P(B_j)$。

例如,在投掷均匀骰子的游戏里,我们可以推知偶数点出现的概率是 3/6,推理过程为 $P(1) = \cdots = P(6) = 1/6$,$P$(偶数点) = 3/6。

(3) 情形 3(物理的):基于所得到的概率 $P(B_j)$ 进行实际预测。这一情形可以把式(2.8) 反过来使用。如果重复实验 n 次,则事件 B 发生的次数 $n_B \approx nP(B)$。

例如,投掷均匀骰子 1 000 次,我们预计偶数点将出现约 500 次。

解决问题时,不能过分强调将上述三个情形分开处理,但必须明确地区分由经验确定的数据和由逻辑推理所得的结果。

情形1和3是基于归纳推理的。例如，假定我们希望确定一枚给定硬币正面出现的概率。应当投掷硬币100次还是1 000次呢？如果投掷了1 000次，正面出现的频率为0.48，基于这个观测我们能做出什么样的预测呢？我们能否推想再投掷1 000次时正面的数目将约为480？这些问题只能归纳地做出回答。

事件A的概率$P(A)$可以解释为赋予该事件的一个数，就像质量是赋予物体的一个数，电阻是赋予电阻器的一个数。在理论发展过程中，我们将不关心这个数的“物理意义”。当然，除非它能帮助我们解决实际问题，否则就没有实际价值。即使仅仅是近似的，也必须给实际事件以特定的概率（情形1）。我们也应当对从理论推导出来的所有结论赋予一定的物理意义（情形3）。但是对概念和观测的结合与理论的纯逻辑结构（情形2）必须加以区分。

下面，再讨论一下概率的各种定义和它们的作用。

1. 公理化定义

前面已经讲到，必然事件Ω是每次试验均发生的事件，两个事件A和B的并$A \cup B = A + B$是一个新事件，表示A和B之一发生或两者都发生。事件A和B的交$A \cap B = AB$是另一事件，表示A和B都发生。如果A和B中一个事件的发生排斥另一事件的发生，则称事件A和B是互斥的或互不相容的。

例如，在掷骰子实验中，六个面中出现任何一面的事件是必然事件。“偶数点”事件和“小于3点”事件的并是事件“1点”或“2点”或“4点”或“6点”，而两者的交是事件“2点”。“偶数点”事件与“奇数点”事件是互斥的。

概率论的公理化方法仅仅从下列三条假设出发：

(1) 任一事件A的概率$P(A)$是赋予此事件的一个非负实数，即$P(A) \geqslant 0$。

(2) 必然事件的概率等于1，即$P(\Omega) = 1$。

(3) 如果两个事件A与B是互斥的，则$P(A \cup B) = P(A) + P(B)$。

这种方法用于概率的时间并不太久，但这是引出概率的最好途径。它强调理论的演绎特性，避免了概念模糊，也为复杂的应用提供了坚实的基础，而且，至少它为深入研究这一重要学科提供了一个开端。

2. 相对频率定义

相对频率方法是基于定义：一事件A的概率$P(A)$是极限，即

$$P(A) = \lim_{n \to \infty} \frac{n_A}{n} \tag{2.9}$$

式中，n_A是A的发生次数，n是试验次数。

这个定义看起来是合理的，由于概率用以描述相对频率，用这一频率的极限来定义它是很自然的。这样，与先验定义联系在一起的那些麻烦被消除了，人们可能觉得，这一理论是建立在观测基础上的。尽管相对频率概念是概率应用的基础（情形1和3），但把它作为演绎过程的基础（情形2）所带来的问题是富有挑战性的，也是困难的。事实上，在实际实验中，n_A和n虽然可以很大，但终究是有限的，所以它们的比值往往不能等于甚至难以逼近到极限。如果用式(2.9)来定义$P(A)$，这个极限只能作为一种假说来接受，而不是一个可以用实验确定的数。虽然式(2.9)把$P(A)$和观测频率联系在一起，但用式(2.9)作为演绎基础的方法却没有被广泛接受。一般认为柯尔莫格洛夫的公理化方法更为优越。

3. 古典定义

在几个世纪的时间里，概率论都是建立在古典定义的基础上的，现在，这一概念仍然用于确定概率数据，并作为行之有效的假定。

按照古典定义，一个事件 A 的概率 $P(A)$ 可以不经实际实验而先验确定，它的值由下式给出，即

$$P(A) = N_A/N \tag{2.10}$$

式中 N—— 可能结果的总数；

N_A—— 属于事件 A 的结果数。

在掷骰子实验中，可能的结果数为 6，而属于"偶数点"这一事件的结果数为 3，所以 P(偶数点) = 3/6。但是，应该注意到，N 和 N_A 的意义不总是明确的。我们通过下面的例子来演示这种内在模糊性。

投掷两颗骰子，求出所出现的点数之和等于 7 的概率 P。

用式(2.10)来解决这一问题时，首先需要确定 N 和 N_A 这两个数。

(1) 我们可以认为可能的结果有 11 种，即其和的值为 2,3,…,12。而这 11 个结果中，仅有一种值为 7，于是 $P = 1/11$。这一结论显然是错误的。

(2) 我们可以把所有的点数对作为可能的结果，而对两颗骰子不加区分。这样我们有 21 个可能的结果，其中只有(3,4)，(5,2)和(6,1)三对点数和为 7。这种情况下，$N = 21$ 和 $N_A = 3$，$P = 3/21$。这一结论也是错误的。

(3) 我们现在知道，上述两个解之所以错误，是因为(1)和(2)的各种结果并不是等可能的。要"正确地"解决这个问题，必须在区分第一颗和第二颗骰子的条件下计算所有的点数对。这时结果的总数为 36，而属于点数和为 7 这一事件的结果有 6 个，分别是(3,4)，(4,3)，(5,2)，(2,5)，(6,1)和(1,6)。所以，$P = 6/36$。

上述例子表明，有必要改进定义式(2.10)。改进后的形式如下：如果所有结果是等可能的，一事件的概率等于属于它的结果数与总结果数的比。我们也会看到，这种改进并不能消除古典概率定义存在的问题。

古典定义是由不充分推理原理的结果引出的，"当没有先验知识时，我们只有假定事件 A_i 具有等概率性"。这种结果实际上认为概率只是我们自己关于事件 A_i 的知识状态的量度。实际上，如果这些事件不是真正等概率的，我们只要改变它们的指标，就能得到不同的概率，而无须改变我们的知识状态。

古典定义在下列几个方面是有问题的：

(1) 在式(2.10)中，所用术语"等可能"实际上意味着"等或然"。因此，在定义中所使用的正是我们要加以定义的概念，这通常使得确定 N 和 N_A 是困难的。

(2) 该定义所能适用的问题类型有限。例如在骰子实验中，它只适用于六面具有等概率的情况，如果骰子是偏心的，四点的概率等于 0.2，这个数无法从式(2.10)中导出。

(3) 从式(2.10)看起来，古典定义似乎是一种不考虑经验的逻辑必然性的结果，然而并非如此。我们承认某些结果为等可能，是由于我们有大量经验。均匀骰子的结果的概率等于 1/6，不仅仅由于骰子的对称性，而且也是由于在长期投掷骰子的经历中，观测得到的式(2.8)里的比值 n_A/n 接近 1/6。

例如,我们想要确定新生婴儿为男孩的概率 P。通常假定 $P = 1/2$,但这不是单纯推理的结果。首先 $P = 1/2$ 只是近似正确。此外,要是没有长期纪录,不管婴儿家庭的性别史、出生季节和地区,以及其他可想到的因素,我们不可能知道男孩和女孩的出生是等可能的。只有经过长期积累纪录,知道与上述诸因素无关,两种结果才可以认为是等可能的。

(4) 如果可能结果的数目无穷多,在应用古典定义时,我们必须用长度、面积或其他测度来确定式(2.10) 中的比值 N_A/N,同样也会遇到困难。我们会发现,对同一个问题得到的不是一个而是几个不同的答案,这表明了古典概率定义本身的模糊性,也表明有必要对实验结果以及"可能的" 和"有利的" 这些术语的含义做出明确的规定。

4. 有效性

现在讨论一下在确定概率数据和作为一个有效假定时,古典概率定义的价值。

(1) 在许多应用场合,基于长期经验,人们做出了有 N 个等可能选择的合理假定。于是,方程式(2.10) 可以作为一个不证自明的公式来接受。例如,从装有 m 个黑球和 n 个白球的盒子里,随机地摸出一个球,则为白球的概率为 $n/(m + n)$;如果在时间区间$(0, T)$里,一次电话呼叫是随机发生的,则在区间(t_1, t_2) 发生呼叫的概率等于$(t_2 - t_1)/T$。

这种结论当然是正确、有用的,但是,它们的有效性取决于"随机" 这个词的含义。

(2) 在一些应用中,不可能用足够多次的重复实验来确定各种事件的概率。在这种情况下,我们只好假定某些结果是等可能的,并由式(2.10) 确定所需概率。这意味着我们把古典定义作为一种便于工作的假设。如果假设与实验的观测结果相符,就采纳此假设,否则就舍弃。我们可以用统计力学中的一个重要例子来说明这一点。

例如,有 n 个粒子和 m 个盒子,且 $m > n$。随机地把每个粒子放进一个盒子。我们希望求出在预先指定的 m 个盒子里,每个盒子有且仅有一个粒子的概率 P。因为我们只对内在的假设感兴趣,这里只叙述其结果。我们也只求 $n = 2$ 和 $m = 6$ 时的解。对于这一特例,可用一对骰子的情况作类比说明:骰子的面数 $m(m = 6)$ 相应于 m 个盒子,而骰子的个数 $n(n = 2)$ 相应于 n 个粒子。我们假定预先选定的面(盒子) 为 3 和 4。

这一问题的解决取决于可能和有利结果的选择。我们来研究下列三种著名的统计方法。

麦克斯韦 - 玻耳兹曼统计

如果我们认为每一粒子均可区别,并将这 n 个粒子放进 m 个盒子的各种可能的排列作为结果,则

$$P = n!/m^n$$

当 $n = 2$ 和 $m = 6$ 时,得 $P = 2/36$,这相当于在两骰子游戏中掷出(3,4) 的概率。

博兹 - 爱因斯坦统计

如果假定粒子是不可区分的,即把粒子在各个盒子里分布相同情况下的所有排列作为一个结果,则

$$P = (m - 1)!n!/(n + m - 1)!$$

当 $n = 2$ 和 $m = 6$ 时,得 $P = 1/21$。实际上,如果我们不对两颗骰子做区分,则 $N = 21$ 和 $N_A = 1$,因为这时把结果(3,4) 和(4,3) 算作一种。

费米 - 狄利克雷统计

如果假定粒子不可区分,同时还假定每个盒子最多只能放进一个粒子,则

$$P = n!(m-n)!/m!$$

当 $n = 2$ 和 $m = 6$ 时，得 $p = 1/15$。这相当于两颗骰子不加区分，而且还排除出现相同点的所有结果时，出现(3,4) 的概率。

有人可能会有异议，说只有第一种解是合乎逻辑的。这种争议在统计力学发展的初期确曾有过。事实上，在没有直接或间接实验证据条件下，这种论断是不能成立的，所提出的三种模型实际上只是假说而已，而物理学家只接受与实验相符的结论。

(3) 假设我们知道在情形 1 里事件 A 的概率是 $P(A)$，在情形 2 里事件 B 的概率是 $P(B)$。一般说来，我们不能从这些信息确定两个事件 A 和 B 都发生的概率 $P(AB)$。但是，如果已知两种实验是独立的，则

$$P(AB) = P(A)P(B)$$

在许多情况下，这种独立性可根据先验推理来确定，即情形 1 的结果对情形 2 的结果没有影响。例如在掷硬币实验中，正面的概率等于 1/2，而在掷骰子实验中，偶数点的概率等于 1/2，则我们"逻辑地" 得出结论，如果两种实验都进行，硬币为正面及骰子为偶数点的概率等于 $1/2 \times 1/2$。因此，我们作为逻辑的必然接受了式(2.10) 的有效性，而不必求助于式(2.8) 或其他直接证据。

2.1.5 概率基本运算法则

1. 概率互补定理

某一事件发生和不发生的概率之和必然是 1，即

$$P(A) + P(\bar{A}) = 1 \tag{2.11}$$

例如，设某设备出现故障的概率为 $F(t)$，则其无故障正常工作的概率 $R(t) = 1 - F(t)$；又如，每次掷一颗骰子，出现"2 点" 的概率为 1/6，不出现"2 点"(即出现"2 点" 以外的其他点) 的概率为 5/6。

2. 概率加法定理

若 A、B 两事件互不相容，则 A 与 B 的和事件的概率为

$$P(A+B) = P(A \cup B) = P(A) + P(B) \tag{2.12}$$

例如，从一个放有黑、白、蓝、红四个不同颜色小球的袋子里，取出一个球，为黑色球的概率是 1/4，为白色球的概率是 1/4，那么"为黑色或白色小球" 的概率则是 1/2。

对于 n 个互不相容事件 $A_1, A_2, \cdots, A_n$，和事件的概率为

$$P(A_1 \cup A_2 \cup \cdots \cup A_n) = P(A_1) + P(A_2) + \cdots + P(A_n) = \sum_{i=1}^{n} P(A_i) \tag{2.13}$$

若 A 与 B 不是互不相容事件，则 A 与 B 的和事件的概率为

$$P(A \cup B) = P(A) + P(B) - P(A \cap B) \tag{2.14}$$

对于 n 个相容事件 $A_1, A_2, \cdots, A_n$，和事件的概率为

$$P(A_1 \cup A_2 \cup \cdots \cup A_n) = \sum_{i=1}^{n} P(A_i) - \sum_{i<j=2}^{n} P(A_iA_j) + \sum_{i<j<k=3}^{n} P(A_iA_jA_k) + \cdots + (-1)^{n-1}P(A_1A_2\cdots A_n) \tag{2.15}$$

3. 条件概率

在事件 A 发生的条件下，把事件 B 发生的概率称为事件 B 发生的条件概率。记为：$P(B \mid A)$。若 $P(A) > 0$ 或 $P(B) > 0$，则有

$$
\begin{aligned}
P(B \mid A) &= \frac{P(A \cap B)}{P(A)} \\
P(A \mid B) &= \frac{P(A \cap B)}{P(B)}
\end{aligned}
\tag{2.16}
$$

由于各事件之间往往有一定的联系，因而事件 A 发生以后，事件 B 的概率可能会发生变化。例如，在样品的抽样检测中，不放回抽样（即抽出后的样本不再放回的抽样方法）的概率问题就是一个条件概率的问题，因为不放回抽样势必会影响以后发生的事件的概率。

4. 概率乘法定理

相互独立的两个事件 A 和 B，同时发生的概率为这些事件各自发生概率的积，这就是概率的乘法定理，即

$$P(A \cap B) = P(AB) = P(A) \cdot P(B) \tag{2.17}$$

例如，掷两颗骰子（同时掷或先后掷均一样），同时出现“2 点”的概率应是每颗骰子出现“2 点”的概率的乘积，即 $1/6 \times 1/6 = 1/36$。又如，某系统发生 A 种失效的概率为 0.001，发生 B 种失效的概率为 0.1，两种失效相互独立，则该系统 A、B 两种失效同时发生的概率为 $0.001 \times 0.1 = 0.0001$。而彼此相关的两个事件 A 和 B 同时发生的概率为

$$P(A \cap B) = P(A) \cdot P(B \mid A)$$

或

$$P(A \cap B) = P(B) \cdot P(A \mid B) \tag{2.18}$$

例如，若一个箱子中放有5个白球和4个黑球，我们随机地从中接连取出两个球，求第一个是白球，第二个是黑球的概率。

$$P\{\text{第一个是白球}\} = 5/9, \quad P\{\text{第二个是黑球} \mid \text{第一个是白球}\} = 4/8$$

$$P\{\text{第一个是白球，第二个是黑球}\} = (5/9) \times (4/8) = 5/18$$

5. 全概率公式

一个随机试验，它的全部基本事件可以用各种不同的方法分成若干类，任一复合事件都可以用基本事件的复合而得到。如从 0,1,2,…,9 这十个数字任取一个的随机试验，其结果可以分成两类：奇数和偶数。这样，“大于 4 的数”就可视为“偶数且大于 4 的数”与“奇数且大于 4 的数”之和。

对于这类问题，从概率上表达它们发生可能性之间的关系的一个公式就是全概率公式。首先，我们先引入完备事件组的概念。

如果事件组 $A_1, A_2, \cdots, A_n$ 满足

(1) $A_i \cap A_j = \Phi, i \neq j$，且 $P(A_i) > 0, i = 1, 2, \cdots, n$，即各事件之间互不相容；

(2) $\bigcup_{i=1}^{n} A_i = \Omega$，即全部事件的和为必然事件。

则称该事件组为完备事件组。

设试验 E 的样本空间为 S，B 为 E 任一事件，$A_1, A_2, \cdots, A_n$ 为 S 的一个完备事件组，则有

$$P(B) = \sum_{i=1}^{n} P(A_i)P(B \mid A_i) \tag{2.19}$$

式(2.19)为全概率公式。它给出了实际计算某些复杂事件概率的公式。只要已知构成某一样本空间的完备事件组的各简单事件的概率,以及在各简单事件发生时某事件发生的条件概率,则可借助于全概率公式求得该事件发生的概率。

例如,某发报台分别以概率0.6和0.4发出信号"."和"-"。由于通信系统受到干扰,当发出信号为"."时,收信台以概率0.8和0.2收到信号"."和"-"。当发出信号为"-",收信台以概率0.9和0.1收到信号"-"和"."。求收信台收到信号"."的概率。

设 A_1 表示"发出信号为'.'时"这一事件,A_2 表示"当发出信号为'-'"这一事件。B 表示"收到信号为'.'"这一事件。

由全概率公式(2.19)得

$$P(B) = P(A_1)P(B \mid A_1) + P(A_2)P(B \mid A_2) = 0.6 \times 0.8 + 0.4 \times 0.1 = 0.52$$

6. 贝叶斯公式

若 $A_1, A_2, \cdots, A_n$ 为一完备事件组,B 为任一事件,且 $P(B) > 0$,则有

$$P(A_i \mid B) = \frac{P(A_i)P(B \mid A_i)}{\sum_{j=1}^{n} P(A_j)P(B \mid A_j)} \tag{2.20}$$

此式称为贝叶斯公式,又称假设概率公式或逆概率公式。它给了我们一个实际计算某些事件概率的方法。凡是已知试验结果,要找某种原因发生的可能性,即已知信息,问信息来自何方的问题,可用贝叶斯公式来解决。

如上例,若求收信台收到信号为"."时,发报台确系发出信号为"."时的概率,则由贝叶斯公式(2.20)可得

$$P(A_i \mid B) = \frac{P(A_i)P(B \mid A_i)}{\sum_{j=1}^{2} P(A_j)P(B \mid A_j)} = \frac{P(A_i)P(B \mid A_i)}{P(B)} = \frac{0.6 \times 0.8}{0.52} = 0.923$$

2.2 随机变量及其数字特征

2.2.1 随机变量

为了更好地研究随机试验的结果,揭示客观存在的统计规律性,需要引入随机变量的概念。若对于试验的样本空间 S 中的每一个基本事件或样本点 e,变量 X 都有一个确定的实数值与 e 相对应,即 $X = X(e)$,则称 X 是随机变量。也就是说随机变量 X 是一个以基本事件 e 为自变量的取实值的函数,与随机试验的结果相关。例如,随机抽验 n 件晶体管,设其中不合格品的件数为 X,则 X 的可能值为 $0,1,2,\cdots,n$,而且可以用 $\{X = k\}$ 表示有 k 件不合格品这一事件。

引入随机变量后,可通过随机变量将样本空间的各事件联系起来,统一分析、计算事件的概率。概括地说随机变量有以下特点:

(1) 试验之前知道可能取值的范围,但未知精确值。

(2) 取值有一定的概率。

随机变量 X 按其取值情况不同分两类:

(1) 离散型随机变量。这类随机变量的主要特征是它们的全部取值为有限个或可数无限个。

(2) 连续型随机变量。这类随机变量的主要特征是它们可以在某一区间内任意取值。

由于这两类随机变量在取值的方式上不同,从而用来描述它们取值的统计规律性的方式也不同。

1. 离散型随机变量的概率分布

当随机变量只取有限个数值或可数无限个数值时,则称该随机变量是离散型随机变量。

设 X 是一个离散型随机变量,且 X 的可能取值是 $x_1, x_2, x_3, \cdots, x_n$,所以可以将 X 的可能取的值及相应的概率列成表 2.1。

表 2.1　概率分布表

随机变量 X	x_1	x_2	x_3	…	x_i	…
概率 P	p_1	p_2	p_3	…	p_i	…

或者为简单起见,随机变量 X 的概率分布情况也可以用数学表达式表示,并称之为离散型随机变量 X 的分布列或分布律,即

$$p_i = P(X = x_i) \quad (i = 1,2,\cdots) \quad 0 \leqslant p_i \leqslant 1 \text{ 且} \sum_i p_i = 1 \tag{2.21}$$

已知 X 的分布律,就可以求得这个随机变量 X 所对应的概率空间中任何随机事件的概率。

2. 连续型随机变量的概率分布

为了研究随机试验的结果落在某区间的概率,需引入随机变量的概率分布的概念。

定义　设 X 是随机变量,x 是任意实数,称函数

$$F(x) = P(X \leqslant x)$$

为随机变量的分布函数。

如果对于随机变量 X 的分布函数 $F(x)$,存在非负可积的函数 $f(x)$,使得对于任何实数 x,有

$$F(x) = P(X \leqslant x) = \int_{-\infty}^{x} f(x)\mathrm{d}x$$

则称 X 为连续型随机变量。而函数 $f(x)$ 称为概率密度函数,简称分布密度,且有

$$\int_{-\infty}^{\infty} f(x)\mathrm{d}x = 1$$

累积分布函数 $F(x)$ 与概率密度函数 $f(x)$ 的关系为

$$f(x) = F'(x) = \frac{\mathrm{d}F(x)}{\mathrm{d}x}$$

$$P(x_1 \leqslant x \leqslant x_2) = \int_{x_1}^{x_2} f(x)\mathrm{d}x = F(x_2) - F(x_1)$$

2.2.2 随机变量分布的数字特征

虽然通过分布函数能够完整地描述随机变量的统计特征，但对一般的随机变量，很难找出分布函数来，不过在许多实际问题中，并不需要完全知道分布函数，而只需要知道随机变量的某些特征。随机变量的特征一般可以用一个或几个实数来描述。例如，在测量某一活塞直径时，测量的结果是以随机变量为依据，在实际工作中，往往用测量出的平均数来代表这活塞的直径。又如，在调试晶体管的寿命指标时，要知道其平均寿命的大小，还要考虑其偏离平均寿命的离散程度。根据这样的实数来从某些方面描述随机变量分布的性态与其重要特征，因此称它们为随机变量的数字特征。这些数字特征在理论上和实践上都具有重要意义。

1.集中趋势

假定有 n 个数值，并从小到大依次排列为$(x_1, x_2, x_3, \cdots, x_n)$，这一组数分散在 x_1 至 x_n 之间，有时需要从这组数中取某一数值作代表，则这一数值就成为这一组数的代表值。在数理统计中，通常选择接近中心的值为代表值，即集中趋势较强的值。

(1) 均值。均值是指分布的平均值，是各取值以其概率为加权系数的加权算术平均值。它是用得最多也最具代表性的集中趋势值，它分为：

离散型

$$\mu_x = \mathrm{E}(x) = \sum_i x_i p_i$$

其中，$\mathrm{E}(x)$ 表示随机变量 x 的数学期望，概率 P_i 表示随机变量 x 取值 x_i 的可能程度。

连续型

$$\mu_x = \mathrm{E}(x) = \int_{-\infty}^{+\infty} x f(x)\mathrm{d}x$$

(2) 中位数。中位数的含义是指在一组数中，若该组数的个数为奇数，中位数就是位于中央的那个数；若该数组的个数为偶数，则位于中央的数就会是两个，就应取这两个数的算术平均值作为中位数。要注意的是当数组的个数较多时，中位数有较强的集中趋势，也容易求得，但数组的个数较少时，则中位数未必具有集中趋势，使用时应注意。

累积概率分布函数值 $F(x) = 0.5$ 时所对应的 x 值记为 $x_{0.5}$。

(3) 众数。众数又称最频繁值，即频率 $f(x)$ 为最大时随机变量 x 的值。

$$\frac{\mathrm{d}f(x)}{\mathrm{d}x} = 0$$

众数并不一定具有集中趋势，但如果以众数为代表值时，可以认为该数组在算术平均值附近聚集着很多数值相同的数。

均值、中位数与众数三者之间的关系如图 2.1 所示。

2.分散性

在若干数值中，各个数对其集中趋势的代表值而言所存在的分散程度或距离的远近可以用以下特征值表示。

(1) 方差。方差可描述分散程度，是随机变量(各组代表值) 与均值差的均方值。

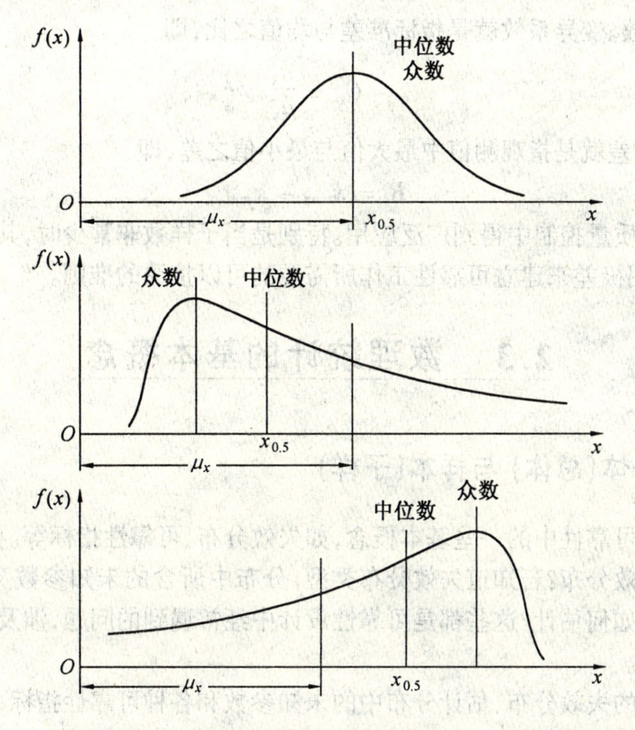

图 2.1 随机变量分布的集中趋势及均值、中位数、众数之间的关系

离散型

$$\sigma_x^2 = D(x) = \sum_i (x_i - \mu_x)^2 p_i$$

连续型

$$\sigma_x^2 = D(x) = \int_{-\infty}^{\infty} (x - \mu_x)^2 f(x) \mathrm{d}x$$

(2) 标准差。标准差就是指方差的算术平方根,即

$$\sigma_x = \sqrt{D(x)}$$

标准差是表示分散性中使用最多的一种数值,它和数值分布的类型和数值的个数没有关系。如果固定 μ_x,若曲线与 x 轴所围的面积不变,则 σ_x 越小,$f(\mu_x)$ 越大,概率密度函数的图形越高越陡峭,如图 2.2 所示,说明 x 的取值越集中于 μ_x 附近。

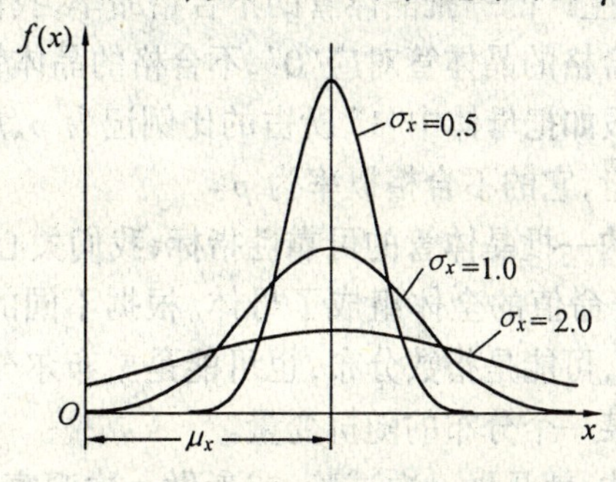

图 2.2 随机变量分布的分散性

(3) 变异系数。变异系数就是指标准差与均值之比,即

$$C_x = \frac{\sigma_x}{\mu_x}$$

(4) 极差。极差就是指观测值中最大值与最小值之差,即

$$R = x_{\max} - x_{\min}$$

极差在产品质量控制中得到广泛应用。特别是当子样数非常少时,其他方法失去精确性时,有时也采用极差来建立可靠性工作所需要的可以接受的准则。

2.3 数理统计的基本概念

2.3.1 母体(总体)与样本(子样)

前面讨论过可靠性中的一些基本概念,如失效分布、可靠性指标等。在实际中,如何确定一种产品的失效分布?若知道失效分布类型,分布中所含的未知参数又如何估计?产品的可靠性指标又如何估计?这些都是可靠性设计中经常遇到的问题,涉及数理统计中参数估计和假设检验。

要确定产品的失效分布,估计分布中的未知参数和各种可靠性指标,需要做大量的试验或观察,但在实际中允许我们做的试验或观察总是有限的。应用概率论方法,对局部与整体之间的内在联系进行分析和推理,有助于得到希望的结果。数理统计学是以概率论为基础,根据试验或观察得到的有限数据,对研究对象的统计规律性做出合理的推断。

在数理统计中,母体是与研究的问题有关的对象的全体,组成母体的每个基本元素称为样本。例如,为研究某工厂所生产的一批晶体管的质量,我们就以该批晶体管为母体,其中每一个晶体管就是样本。在实际中,我们关心的是产品的某个数量指标。假如我们的研究仅限于此,那么指标值就可以看做是样本,所有指标值就组成一个母体。

有些指标值出现的可能性大一些,有些指标值出现的可能性小一些。根据不同指标值的出现的可能性的大小,可以做出一个概率分布,这个分布反映母体的统计规律。这样一来,就把母体与一个随机变量联系了起来,这个随机变量的取值就是母体中一切可能的指标值,这个随机变量的取值的统计规律性就是母体的分布规律。

例如,为了研究某厂所生产的一批晶体管的不合格品率,我们关心的是晶体管是否是不合格品。假如我们规定,合格的晶体管对应“0”,不合格的晶体管对应“1”,那么母体就是由一些“0”与“1”组成的。假如把母体中“1”所占的比例记为 p,那么这个母体就可看做一个服从二项分布的随机变量,它的不合格概率为 p。

为了研究某厂所生产的一批晶体管的可靠性指标,我们关心的是晶体管的寿命。每一个寿命值就是一个个体,寿命值的全体组成了母体。根据不同的寿命值出现的可能性大小,可以得到一个寿命分布,可能是指数分布,也可能是威布尔分布,或是其他分布。因此这个母体就可以看做服从某一个分布的随机变量。

从母体中抽取一个个体,就是做一次试验,或者做一次观察,这个被抽出的个体称为样本。在数理统计中,要用样本来对母体的各种特征进行推断,因而从母体中抽取的每一

个样本都要有代表性。只有这样,经过多次抽样才能较全面地了解母体,从而做出正确的判断。在数理统计的理论讨论中,在样本还未观察前,它可能取某个值,也可能取另一个值,故可以把样本看做一个随机变量,常用大写字母 X 表示。当观察到结果时,就是一个实数,常用小写字母 x 表示,称为样本 X 的观察值。因此,样本的代表性在数理统计中指的就是样本及与母体 X 有相同的分布。

在数理统计学中,称与母体分布相同且相互独立的样本是从母体中抽出的简单随机样本。若无特别说明,本书涉及的都是简单随机样本。通常,就把一个子样 $x_1, x_2, \cdots, x_n$,看做相互独立,且与母体有相同分布的 n 个随机变量。

2.3.2 统计量与样本的数字特征

样本是从总体中抽出来的,在一定程度上反映总体的某些信息。要通过样本对总体进行推断,还必须对样本进行一些必要的运算,构造所需要的某种函数。完全由样本决定的量叫做统计量。统计量可以看做是对样本的一种加工,它把样本中所包含的关于母体的某一方面的信息体现了出来。

常用的统计量是样本的数字特征。若样本容量为 n,其观测值为 $x_1, x_2, \cdots, x_n$,则

样本均值

$$\bar{x} = \frac{1}{n}\sum_{i=1}^{n} x_i \tag{2.22}$$

样本方差

$$s^2 = \frac{1}{n-1}\sum_{i=1}^{n}(x_i - \bar{x})^2 \tag{2.23}$$

样本标准差

$$s = \sqrt{\frac{1}{n-1}\sum_{i=1}^{n}(x_i - \bar{x})^2} \tag{2.24}$$

样本变异系数

$$C_x = \frac{s}{\bar{x}} \tag{2.25}$$

2.4 次序统计量

次序统计量(或称顺序统计量)是数理统计学中具有广泛应用的一类统计量。对于由 n 个独立同分布的元件构成的系统,各元件的强度 $x_1, x_2, \cdots, x_n$ 可看做是来自一个母体的样本。而该样本的次序统计量 $X(k)$ 表示系统中第 k 弱的元件强度。

由概率论可知,若母体的概率密度函数为 $f(x)$,累积失效(故障)分布函数为 $F(x)$,即

$$F(x) = \int_{-\infty}^{x} f(x)\mathrm{d}x$$

则 $X(k)$ 的概率密度函数为

$$g_k(x) = \frac{n!}{(k-1)!(n-k)!}[F(x)]^{k-1}[1-F(x)]^{n-k}f(x) \tag{2.26}$$

特别有

$$g_1(x) = n[1-F(x)]^{n-1}f(x) \tag{2.27}$$

$$g_n(x) = n[F(x)]^{n-1}f(x) \tag{2.28}$$

还有，$X_{(k)}$ 与 $X_{(j)}$ 的联合概率密度函数 $g(x_k, x_j)$ 为

$$g(x_k, x_j) = \frac{n!}{(k-1)!(j-1-k)!(n-j)!}[F(x_k)]^{k-1}[F(x_j)-F(x_k)]^{j-1-k} \times [1-F(x_k)]^{n-j}f(x_k)f(x_j) \tag{2.29}$$

由次序统计量出发定义的统计量，计算简便是其一个特点。更为重要的是，在有些场合，这些统计量显示出特有的优良性质。例如，观测数据中的某些数据由于种种原因，或者不可靠，或者丢失，此时，一些通常使用的统计量如样本均值、方差等将产生较大偏差，而基于一部分次序统计量的方法仍然保持有效。如设 $n=10$，即使不知道 $X(9)$ 和 $X(10)$，也不妨碍样本中位数的计算。

在寿命试验中经常遇到的截尾数据，也要使用次序统计量进行分析。设想将 n 个元件同时做寿命试验，一般会有少数的几个寿命特别长，如果要等到这些元件都失效，试验时间就会过长。这时通常根据一定的准则，定时或定数进行截尾处理，这样得到的数据只是次序统计量前面若干个的观测值。

有些试验观测仪器只能记录下反应强度达到一定界限以上的数据（这是有广泛应用背景的情形），此时得到的只是次序统计量后面若干个的观测值。

第3章 可靠性中常用的概率分布

可靠性设计的数学基础是概率论与数理统计。可靠性设计中将载荷、强度等设计变量作为随机变量，这些随机变量有各自的分布，因而涉及对随机变量的样本数据进行统计处理、分布拟合、参数估计、可靠度计算等工作。

3.1 分布特征

概率密度函数可以分为离散型和连续型两类。离散型概率密度函数的取值是可数的，连续型概率密度函数能够在一个区域内取所有的值。概率密度函数必须满足以下两条标准：

(1) 对于所有 x 值，$f(x) \geqslant 0$。

(2) 对于连续型分布，$\int_{-\infty}^{\infty} f(x)\mathrm{d}x = 1$；对离散型的分布，$\sum_{n} f(x_n) = 1$。

累积分布函数是随机变量 X 小于某个具体值 x 的概率，即 $P(X < x)$。对于连续型随机变量，累积分布函数定义为

$$F(x) = \int_{-\infty}^{x} f(\tau)\mathrm{d}\tau \tag{3.1}$$

x 落于两个具体值 a、b 之间的概率是概率密度函数与横坐标轴之间从 a 到 b 的区域的面积(图 3.1)，即

$$P(a < x < b) = \int_{a}^{b} f(x)\mathrm{d}x = F(b) - F(a)$$

对于离散型分布，x 取某些值的概率大于 0。例如，在四次投掷硬币中，x 代表得到正面的次数，正面一次也不出现的概率为 0.062 5，恰好出现一次正面的概率是 0.25，等等。概率密度函数如图 3.2 所示。

离散型分布的累积分布函数为

$$F(x) = \sum_{\tau \leqslant x} f(\tau) \tag{3.2}$$

投掷硬币实验的累积分布函数如图 3.3 所示。

可靠度函数 $R(x)$ 与累积分布函数 $F(x)$ 互补，可以由寿命概率密度函数 $f(x)$ 通过关系式

$$R(x) = 1 - F(x) = 1 - \int_{-\infty}^{x} f(\tau)\mathrm{d}\tau = \int_{x}^{\infty} f(\tau)\mathrm{d}\tau \tag{3.3}$$

获得。

可靠性函数与累积分布函数的关系如图 3.4 所示。

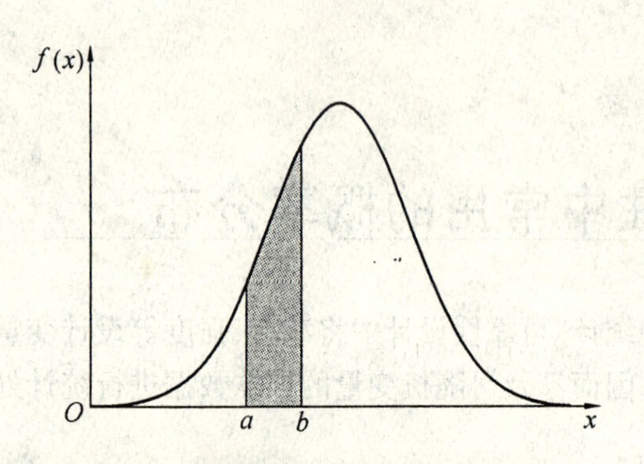

图 3.1　x 落在两特定值之间的概率

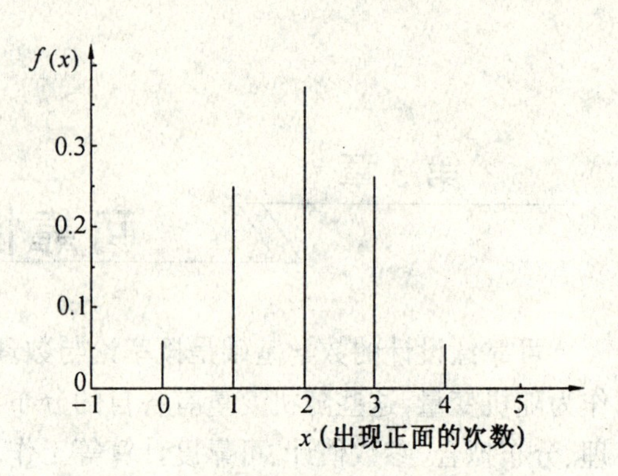

图 3.2　离散型分布的概率密度函数

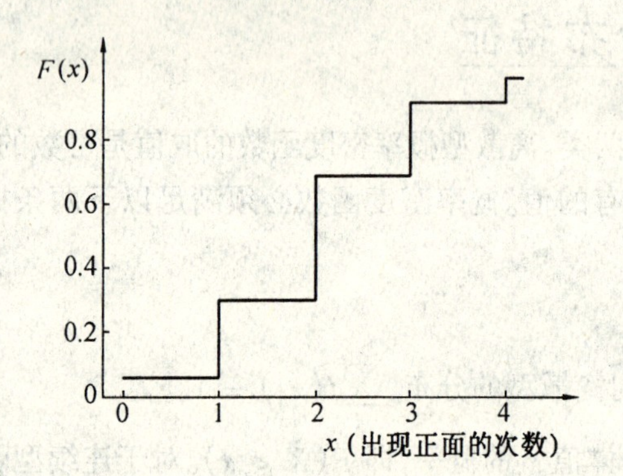

图 3.3　离散型分布的累积分布函数

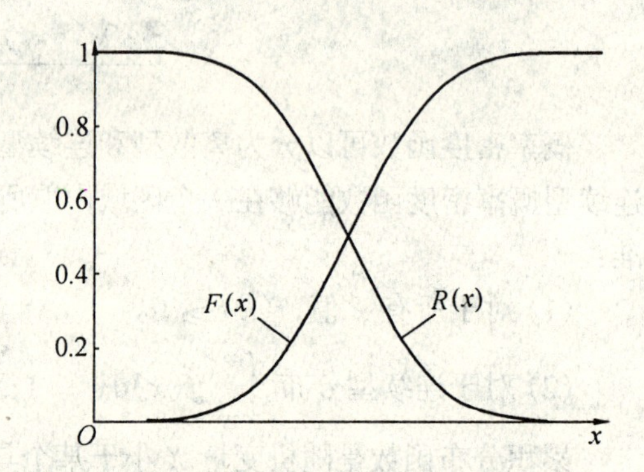

图 3.4　可靠度函数与累积分布函数之间的关系

还有一个称为风险函数的参量。风险函数是即时失效率，是对失效可能性的度量。风险函数定义为

$$h(x) = \frac{f(x)}{R(x)} \tag{3.4}$$

可靠度函数和概率密度函数都可以通过风险函数表达，即

$$R(t) = \mathrm{e}^{-\int_{-\infty}^{x} h(\tau)\mathrm{d}\tau} \tag{3.5}$$

$$f(x) = h(x)\mathrm{e}^{-\int_{-\infty}^{x} h(\tau)\mathrm{d}\tau} \tag{3.6}$$

随机变量 x 的期望值表达式为

$$\mathrm{E}(x) = \int_{-\infty}^{\infty} xf(x)\mathrm{d}x = \mu \tag{3.7}$$

或

$$\mathrm{E}(x) = \int_{0}^{\infty} R(x)\mathrm{d}x = \mu \tag{3.8}$$

方差为

$$V(x) = \mathrm{E}(x^2) - \mu^2 \tag{3.9}$$

其中

$$\mathrm{E}(x^2) = \int_{-\infty}^{\infty} x^2 f(x)\mathrm{d}x \tag{3.10}$$

分布特征值通常通过矩生成函数获得,如果 x 是一个连续型随机变量,那么原函数的第 n 阶矩是

$$\mathbf{E}(x^n) = \int_{-\infty}^{\infty} x^n f(x)\mathrm{d}x \tag{3.11}$$

如果 x 是一个离散型随机变量,那么原函数的第 n 阶矩是

$$\mathbf{E}(x^n) = \sum_{x_i} x_i^n p_i \tag{3.12}$$

原函数的一阶矩是分布的均值(期望值),关于均值的二阶矩是方差,关于均值的三阶矩是分布的偏度。如果一个单顶点分布有一个向右延伸的长尾,那就说明,这是右倾斜的。均值的第四阶矩是对峰态的度量。

载荷、强度、寿命等是可靠性设计涉及的重要指标,这些指标一般都是随机变量,有一定的取值范围,服从一定的统计分布。

分布的类型很多,确定载荷、强度或产品的寿命服从何种分布的方法有两种,一种是根据其物理背景判断。产品的寿命分布与其所承受的载荷情况、产品的结构特点及其物理、化学、机械性能有关,与产品发生失效的物理过程有关。例如,通过失效分析,证实产品的故障模式或失效机理与某种类型分布的物理背景相接近时,可基本判定产品寿命服从该类型的分布;另一种方法是根据失效数据,用统计推断的方法来判断属于何种分布。

3.2 二项分布

设试验 E 只有两种可能的结果 A 和 $\bar{A}$, $P(A) = p$, $P(\bar{A}) = 1 - p$。用 x 表示在 n 重独立试验中事件 A 发生的次数,则 x 是一个随机变量,它的可能取值为 $0,1,2,\cdots,k,\cdots,n$,在这种情形下,x 服从的概率分布称为二项分布,记为 $x \sim B(n,p)$,其概率分布为

$$P\{x = k\} = \mathrm{C}_n^k p^k(1-p)^{n-k} \quad (k = 0,1,2,\cdots,n) \tag{3.13}$$

二项分布(图3.5)的数字特征为:均值 $\mathrm{E}(x) = np$,标准差 $D(x) = np(1-p)$。二项分布的用途广泛,在产品质量检验或可靠性抽样检验中用来设计抽样检验方案;在可靠性试验和可靠性设计中用于对材料、器件、部件以及一次使用设备或系统的可靠度估计;在可靠性设计中,用于描述表决系统的可靠性问题。

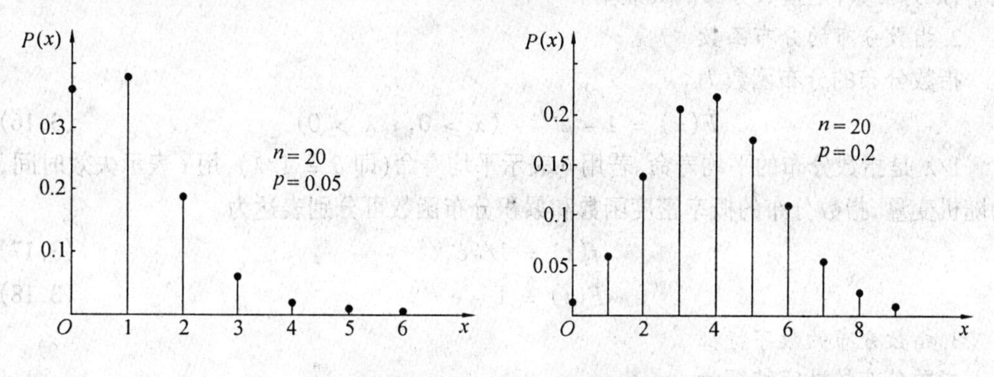

图3.5 二项分布示意图

3.3 泊松分布

泊松(Poisson)分布(图3.6)也是一种单参数离散型分布,其分布律为

$$P\{x = k\} = \frac{\mu^k e^{-\mu}}{k!} \tag{3.14}$$

泊松分布的数字特征为 $E(x) = \mu, D(x) = \mu$。在泊松分布中,令失效数 $k = 0$,有 $P\{x = 0\} = e^{-\mu}$,表示不发生失效的概率。

对于前述二项分布,如果 n 很大而 p 很小,且 np 可以看做是大于0的常数,则近似为 $\mu = np$ 的泊松分布。

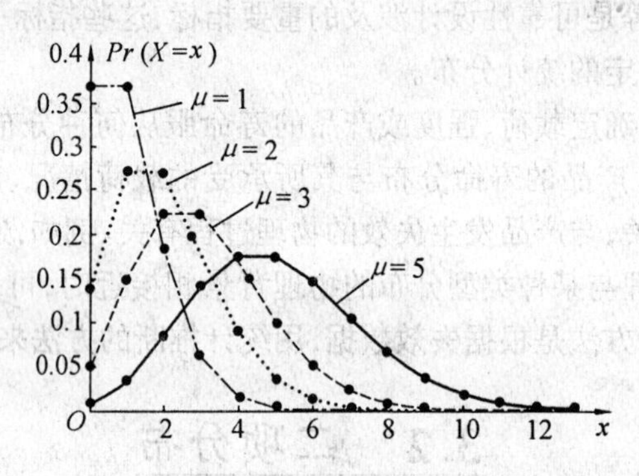

图3.6 泊松分布示意图

3.4 指数分布

1.指数分布的密度函数

指数分布的密度函数为

$$f(x) = \begin{cases} \lambda e^{-\lambda x} & (x \geqslant 0, \quad \lambda > 0) \\ 0 & (x < 0) \end{cases} \tag{3.15}$$

式中,λ 为常数,是指数分布的失效率。

2.指数分布的分布函数

指数分布的分布函数为

$$F(x) = 1 - e^{-\lambda x} \quad (x \geqslant 0, \quad \lambda > 0) \tag{3.16}$$

$1/\lambda$ 是指数分布的平均寿命。若用 θ 表示平均寿命(即 $\theta = 1/\lambda$),用 t 表示失效时间,为随机变量,指数分布的概率密度函数和累积分布函数可分别表达为

$$f(t) = 1/\theta e^{-t/\theta} \tag{3.17}$$

$$F(t) = 1 - e^{-t/\theta} \tag{3.18}$$

3.指数分布的数字特征

指数分布的数字特征为

$$E(x) = 1/\lambda \quad 或 \quad E(t) = \theta \tag{3.19}$$

$$D(x) = 1/\lambda^2 \quad 或 \quad E(t) = \theta^2 \tag{3.20}$$

4.指数分布的可靠度函数

指数分布的可靠度函数为

$$R(t) = e^{-t/\theta} = e^{-\lambda t} \tag{3.21}$$

式(3.21)与泊松分布展开式的第一项完全相同,这说明若产品在一定时间区间内的失效数服从泊松分布,则该产品的工作寿命服从指数分布。

5.指数分布的失效率

指数分布的失效率为

$$\lambda(t) = 1/\theta = \lambda \tag{3.22}$$

6.指数分布的无记忆性

指数分布的一个重要性质是无记忆性,可表达为

$$P(\{T > t_0 + t\} \mid \{T > t_0\}) = P(T > t) = e^{-\lambda t} \tag{3.23}$$

指数分布的概率密度曲线和可靠度曲线如图3.7所示,双参数指数分布的概率密度曲线和可靠度曲线如图3.8所示。

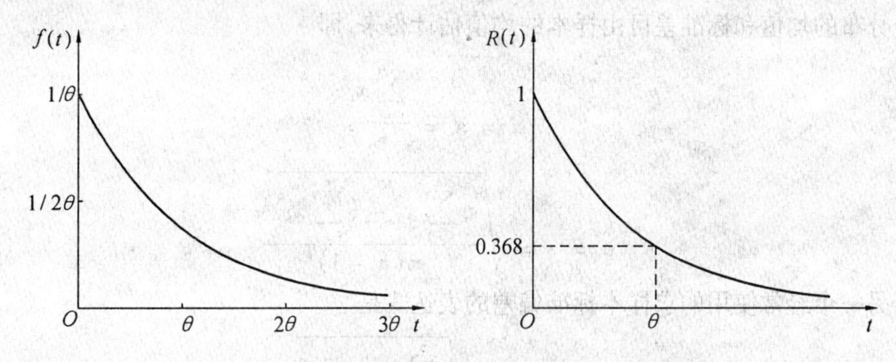

图3.7 指数分布的概率密度曲线和可靠度曲线

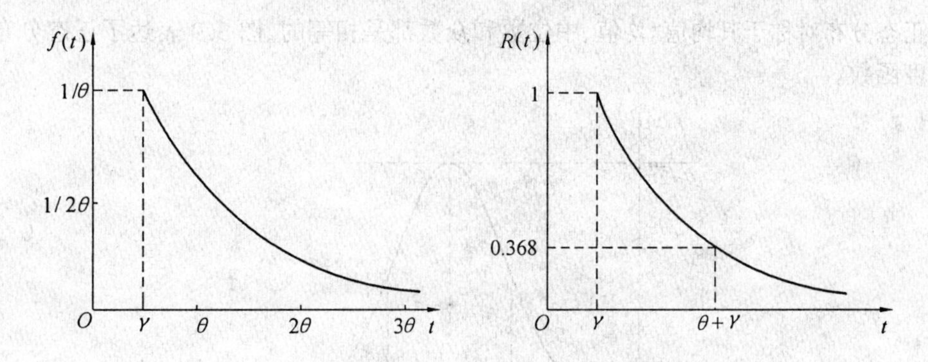

图3.8 双参数指数分布的概率密度曲线和可靠度曲线

3.5 正态分布

3.5.1 正态分布

正态分布也叫做高斯分布，是最容易处理的概率密度函数之一。正态分布有两个性质，一个是方差的可加性；另一个是随机变量总和的趋势与单个密度函数无关，当相加起来时符合正态分布（中心极限定理或大数定理），这两条性质使得正态分布在对一个已建立的公差进行建模时非常有用。

正态分布概率密度函数定义为

$$f(x)=\frac{1}{\sigma\sqrt{2\pi}}\exp\left[-\frac{1}{2}\left(\frac{x-\mu}{\sigma}\right)^2\right]\quad(-\infty<x<\infty) \tag{3.24}$$

其中，μ 是分布的均值，是对中心趋势或中点的度量，σ 是分布标准偏差，是对分散性的度量。

分布的均值和标准差可由样本的均值估计得来，即

$$\hat{\mu}=\bar{x}=\frac{\sum_{i=1}^{n}x_i}{n} \tag{3.25}$$

$$\hat{\sigma}=s=\sqrt{\frac{n\sum_{i=1}^{n}x_i^2-(\sum_{i=1}^{n}x_i)^2}{n(n-1)}} \tag{3.26a}$$

另一个经常使用的求样本标准偏差的表达式是

$$\hat{\sigma}=s=\sqrt{\frac{\sum_{i=1}^{n}(x_i-\bar{x})^2}{(n-1)}} \tag{3.26b}$$

正态分布对称于其均值。均值、中位数和众数都是相等的。图 3.9 表达了正态分布概率密度函数。

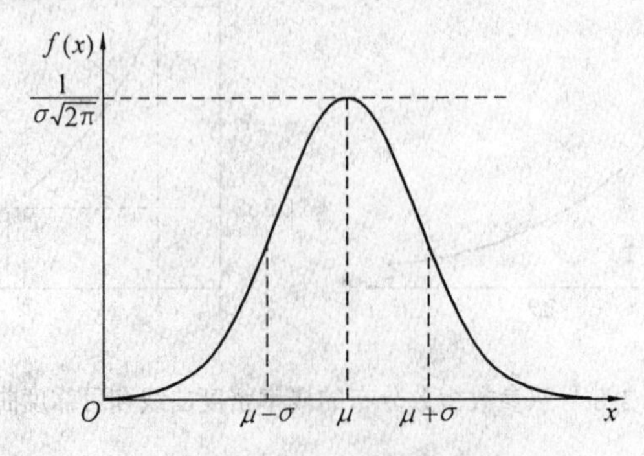

图 3.9 正态分布概率密度函数

正态分布概率密度函数曲线具有如下性质：

(1) 曲线 $y = f(x)$ 以 $x = \mu$ 为对称轴。

(2) 曲线 $y = f(x)$ 在 $x = \mu$ 处有最大值，即 $f(\mu) = \dfrac{1}{\sigma\sqrt{2\pi}}$。

(3) 当 $x \to \pm\infty$ 时，$f(x) \to 0$。

(4) 曲线 $y = f(x)$ 在 $x = \mu \pm \sigma$ 处有拐点。

(5) 曲线 $y = f(x)$ 以 x 轴为渐近线，且有 $\int_{-\infty}^{\infty} f(x) = 1$。

(6) 仅改变 μ 时，$y = f(x)$ 平移；仅改变 σ 时，$y = f(x)$ 对称轴不变。

3.5.2 标准正态分布

$\mu = 0, \sigma = 1$ 的正态分布称为标准正态分布，其概率密度函数为

$$f(x) = \frac{1}{\sqrt{2\pi}} e^{-x^2/2} \quad (-\infty < x < \infty) \tag{3.27}$$

实现一般正态分布（均值为 μ，标准差为 σ）向标准正态分布的转换，可用公式

$$z = \frac{x - \mu}{\sigma}$$

z 即为均值是0，标准差是1的标准正态随机变量。

正态可靠度函数为

$$R(x) = \int_x^{\infty} \frac{1}{\sigma\sqrt{2\pi}} \exp\left[-\frac{1}{2}\left(\frac{x-\mu}{\sigma}\right)^2\right] d\tau = 1 - \Phi(z) \quad (-\infty < x < \infty) \tag{3.28}$$

其中，$\Phi(z)$ 是标准正态累积分布函数（见附表1）。标准正态分布的可靠度函数与累积分布函数如图3.10所示。

例3.1 制造厂生产金属梁，强度均值为40 MPa，方差为36 MPa。如果强度服从正态分布，(1) 一根横梁的强度超过52 MPa的概率是多少？(2) 小于43 MPa的概率是多少？

解 (1) 所求的解是正态概率密度函数曲线下 $x = 52$ 以右的区域的面积，即

$$P(x > 52) = \int_{52}^{\infty} \frac{1}{\sqrt{36}\sqrt{2\pi}} \exp\left[-\frac{1}{2}\left(\frac{x-40}{\sqrt{36}}\right)^2\right] dx$$

变为标准型为

$$z = \frac{x-\mu}{\sigma} = \frac{52-40}{\sqrt{36}} = 2$$

由正态分布表（见附表1）得，从 $z = -\infty$ 到 $z = 2$ 的标准正态分布密度曲线下区域面积是 $\Phi(2) = 0.977\,2$，所以

$$P(x > 52) = 1 - 0.977\,2 = 0.022\,8$$

(2) 所求的解是正态概率密度函数以下 $x = 43$ 以左的区域的面积，即

$$P(x < 43) = \int_{43}^{\infty} \frac{1}{\sqrt{36}\sqrt{2\pi}} \exp\left[-\frac{1}{2}\left(\frac{x-40}{\sqrt{36}}\right)^2\right] dx = 0.691\,5$$

正态风险函数（图3.11）是单调递增的，定义为

$$h(x) = \frac{f(x)}{R(x)} = \frac{\Phi(z)}{\sigma[1 - \Phi(z)]} \quad (-\infty < x < \infty) \tag{3.29}$$

其中，$\Phi(z)$ 是标准正态概率密度函数。

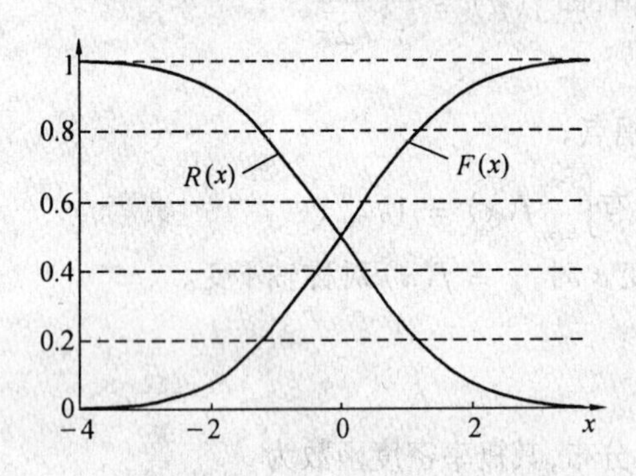

图 3.10 标准正态分布的可靠度函数与累积分布函数

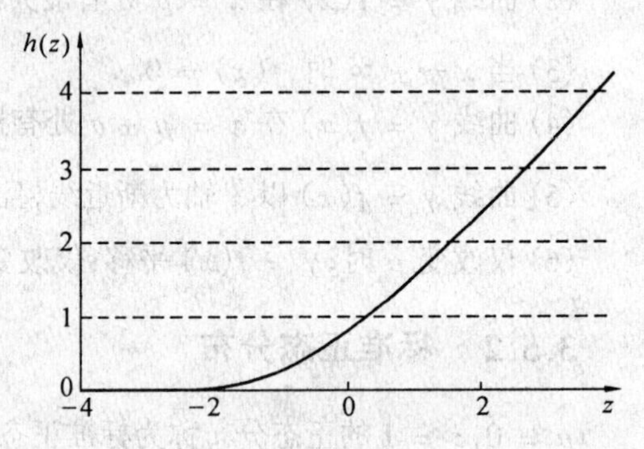

图 3.11 正态风险函数

例 3.2 已知失效时间分别为 28,29,31,34 和 37 小时，那么 27 小时的失效率是多少？

解 样本的均值是

$$\hat{\mu} = \frac{\sum_{i=1}^{n} x_i}{n} = \frac{28 + 29 + 31 + 34 + 37}{5} = 31.8$$

样本的标准偏差是

$$\hat{\sigma} = \sqrt{\frac{n\sum_{i=1}^{n} x_i^2 - \left(\sum_{i=1}^{n} x_i\right)^2}{n(n-1)}} = \sqrt{\frac{5 \times 5\,111 - 159^2}{5(5-1)}} = 3.701$$

即时失效率由风险函数给出，即

$$h(27) = \frac{\Phi(z)}{\hat{\sigma}[1 - \Phi(z)]} = \frac{\Phi\left(\frac{27 - 31.8}{3.701}\right)}{3.701\left[1 - \Phi\left(\frac{27 - 31.8}{3.701}\right)\right]} = 0.051\,5$$

3.5.3 截尾正态分布

工程实际中有很多试验或观察数据近似服从正态分布。但正态分布的取值范围 $(-\infty \sim \infty)$ 不很符合实际情况。考虑到许多试验或观察数据无负值，因此用截尾正态分布来表示较为准确。截尾正态分布（图 3.12）定义为：

若 x 是一个非负的随机变量，且密度函数为

$$f(x) = \frac{1}{\alpha\sigma\sqrt{2\pi}}\exp\left[-\frac{1}{2}\left(\frac{x-\mu}{\sigma}\right)^2\right] \quad (0 \leqslant x < \infty) \tag{3.30}$$

则称 x 服从截尾正态分布。式中，α 为“正规化常数”，它保证了 $\int_0^{-\infty} f(x)\mathrm{d}x = 1$。

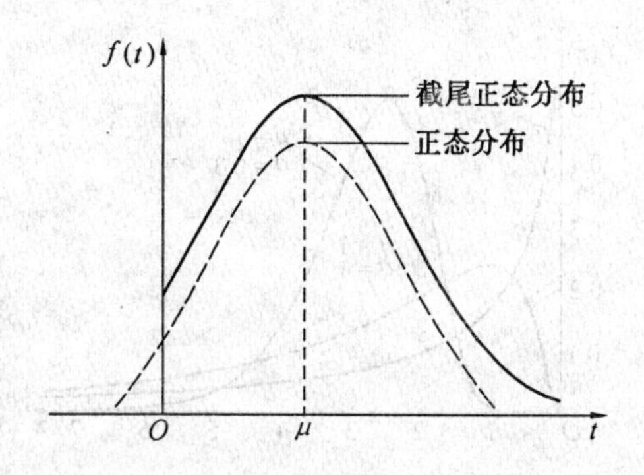

图 3.12 截尾正态分布

正态分布是最常用的分布，在机械概率设计中，可以用来描述零件的强度分布。从物理背景上讲，如果影响某个随机变量的独立因素很多，且不存在起决定作用的主导因素时，则该随机变量一般可用正态分布来描述。正态分布随机变量的取值范围从负无穷大直到正无穷大，从这一点来看，强度不可能是真正的正态分布，而只可能是截尾正态分布。

3.6 对数正态分布

若 x 是一个随机变量，且 $y = \ln x$ 服从正态分布，即

$$y = \ln x \sim N(\mu, \sigma^2)$$

则称 x 服从对数正态分布。可见，正态分布和对数正态分布是紧密相关的。也就是说，如果 x 是一个对数正态随机变量，那么变量 $y = \ln x$ 就是一个正态随机变量。对数正态概率密度函数是

$$f(x) = \begin{cases} \dfrac{1}{\sigma x \sqrt{2\pi}} \exp\left[-\dfrac{1}{2}\left(\dfrac{\ln x - \mu}{\sigma}\right)^2\right] & x > 0 \\ 0 & x \leqslant 0 \end{cases} \tag{3.31}$$

μ 和 σ 不是对数正态分布的均值和标准差，而分别称为它的对数均值和对数标准差。

$$\hat{\mu} = \frac{\sum_{i=1}^{n} \ln x_i}{n} \tag{3.32}$$

其中，n 是样本容量。

$$\hat{\sigma} = \sqrt{\frac{n\sum_{i=1}^{n} \ln x_i^2 - \left(\sum_{i=1}^{n} \ln x_i\right)^2}{n(n-1)}} \tag{3.33}$$

符号 T_{50} 代表对数正态分布的中位数，$\ln(T_{50})$ 与 μ 可以互换。对数正态概率密度函数如图 3.13 所示。

对数正态分布的均值为

$$E(x) = \exp\left[\mu + \frac{\sigma^2}{2}\right] = T_{50}\exp\left[\frac{\sigma^2}{2}\right] \tag{3.34}$$

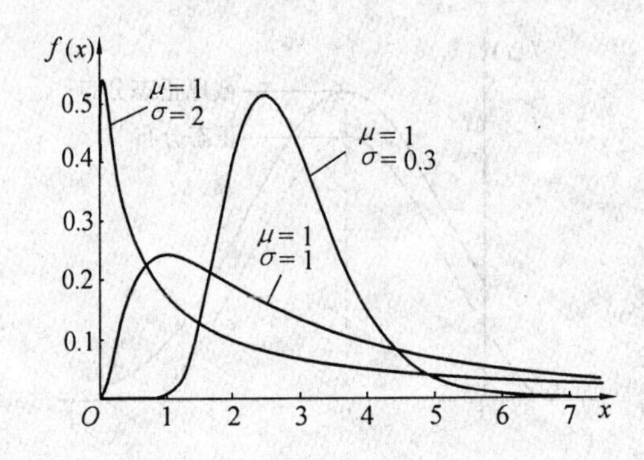

图 3.13　对数正态概率密度函数

对数正态分布的方差为

$$V(x) = (\exp[2\mu + \sigma^2])(\exp \sigma^2 - 1) = T_{50}\exp\left[\frac{\sigma^2}{2}\right](\exp \sigma^2 - 1) \tag{3.35}$$

对数正态可靠性函数为

$$R(x) = 1 - \Phi\left(\frac{\ln x - \mu}{\sigma}\right) \quad (x > 0) \tag{3.36}$$

对数正态可靠性函数如图 3.14 所示。

对数正态风险函数为

$$h(x) = \frac{f(x)}{R(x)} = \frac{\Phi\left(\frac{\ln x - \mu}{\sigma}\right)}{x\sigma\left[1 - \Phi\left(\frac{\ln x - \mu}{\sigma}\right)\right]} \quad (x > 0) \tag{3.37}$$

对数正态风险函数与参数的值无关，它是先增后减，无限接近于 0。对于较大的 σ 值 ($\sigma > 1.5$) 时，风险函数增长如此迅速，它最初出现在图像上时可能是递减的，但是，这并不是本来的情况。对数正态风险函数如图 3.15 所示。

对数正态分布已经在金属失效循环、导体的寿命、轴承的寿命，以及许多其他现象的建模中使用。

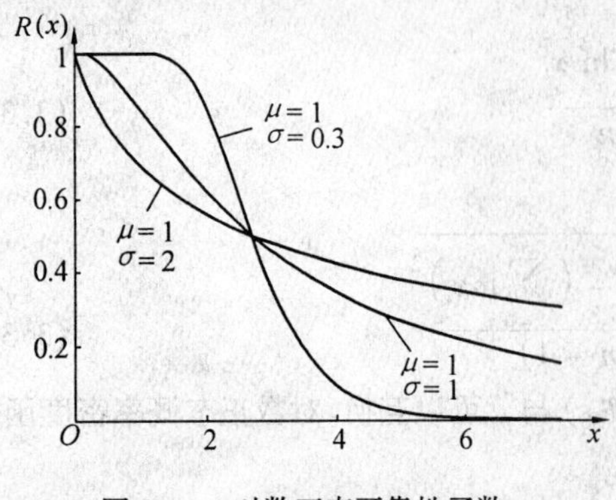

图 3.14　对数正态可靠性函数

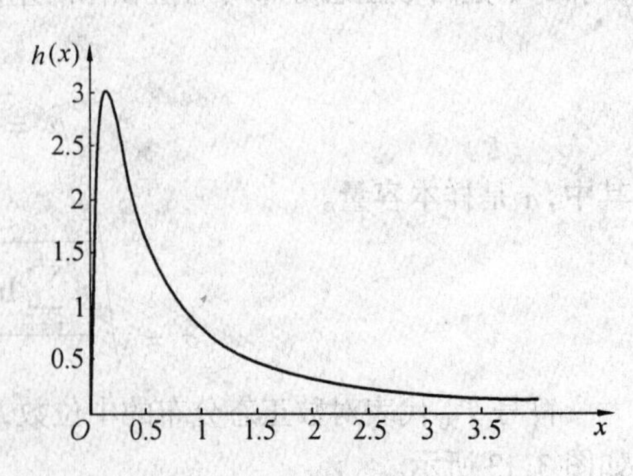

图 3.15　对数正态风险函数

3.7 韦布尔分布

瑞典工程师韦布尔(Weibull)采用“链式”模型研究、描述结构强度和寿命问题,假设一个结构是由若干小元件串联而成,即将结构看成是由 n 个环构成的一根链条,其强度(或寿命)取决于最薄弱环的强度(或寿命)。单个链环的强度(或寿命)为一随机变量,设各环强度(或寿命)独立同分布,则求链条强度(或寿命)的概率分布就变成求极小值分布的问题,由此得出了韦布尔分布函数。

由于韦布尔分布是根据最弱环节模型或串联模型得到的,能充分反映材料缺陷和应力集中源对材料疲劳寿命的影响,所以,将它作为材料或零件的寿命分布模型或给定寿命下的疲劳强度模型是比较合适的。

韦布尔分布是一个连续型分布,现在已经被广泛使用,特别是在疲劳寿命和可靠性领域中。

三参数韦布尔分布记为 $X \sim W(\beta,\theta,\alpha)$,其中 β 为形状参数,θ 为尺度参数,α 为位置参数。这些变量的可接受范围是 $0 < \beta < \infty$,$0 < \theta < \infty$。

三参数韦布尔分布的密度函数为

$$f(x) = \begin{cases} \dfrac{\beta(x-\alpha)^{\beta-1}}{\theta^{\beta}}\exp\left[-\left(\dfrac{x-\alpha}{\theta}\right)^{\beta}\right] & x \geqslant \alpha \\ 0 & x < \alpha \end{cases} \tag{3.38}$$

三参数韦布尔分布的分布函数为

$$F(x) = 1 - \exp\left[-\left(\frac{x-\alpha}{\theta}\right)^{\beta}\right] \quad (x > \alpha) \tag{3.39}$$

令三参数韦布尔分布的位置参数 $\alpha = 0$,则简化为两参数韦布尔分布,其密度函数为

$$f(x) = \frac{\beta x^{\beta-1}}{\theta^{\beta}}\exp\left[-\left(\frac{x}{\theta}\right)^{\beta}\right] \quad (x \geqslant 0) \tag{3.40}$$

分布函数为

$$F(x) = 1 - \exp\left[-\left(\frac{x}{\theta}\right)^{\beta}\right] \quad (x > 0) \tag{3.41}$$

3.7.1 形状参数

通过选择形状参数 β,韦布尔概率密度函数可以呈现不同的形状,如图 3.16 所示。

根据 β 值的不同,韦布尔分布能被应用于多种情形,能等价或近似于其他几个分布,例如,$\beta = 1$,韦布尔分布等同于指数分布;$\beta = 2.5$,韦布尔分布近似于对数正态分布;$\beta = 3.6$,韦布尔分布近似于正态分布。

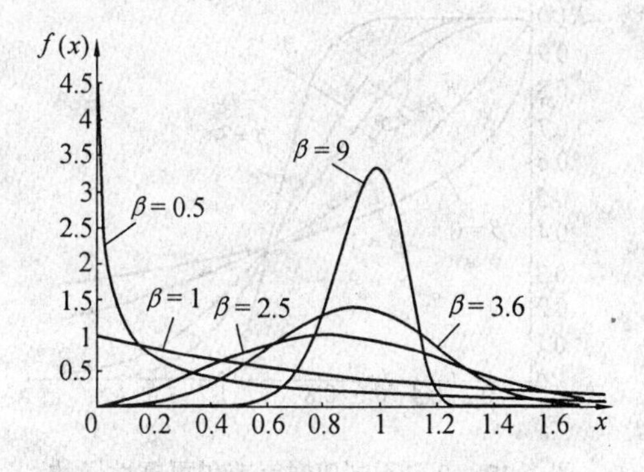

图 3.16 不同 β 值的韦布尔概率密度函数

3.7.2 韦布尔分布的均值和方差

1. 韦布尔分布的均值

韦布尔分布的均值为

$$E(x) = \alpha + \theta\Gamma\left(1 + \frac{1}{\beta}\right) \tag{3.42}$$

其中,$\Gamma(x)$ 函数见附表 2。

2. 韦布尔分布的方差

韦布尔分布的方差为

$$V(x) = \theta^2\left[\Gamma\left(1 + \frac{2}{\beta}\right) - \Gamma^2\left(1 + \frac{1}{\beta}\right)\right] \tag{3.43}$$

如果 $\beta < 1$,那么韦布尔分布的均值将大于 θ;如果 $\beta = 1$,韦布尔分布的均值等于 θ;如果 $\beta > 1$,韦布尔分布的均值小于 θ,且随着 x 的减小接近于 θ。随着 β 增长到无穷,韦布尔分布的方差减小,且无限接近于 0。

3.7.3 韦布尔可靠性函数与风险函数

韦布尔可靠性函数为

$$R(x) = \exp\left[-\left(\frac{x-\alpha}{\theta}\right)^{\beta}\right] \quad (x \geqslant \alpha) \tag{3.44}$$

对于 $\beta < 1$ 的情况,可靠度开始迅速递减,然后趋于平缓,这是初期致命失效的结果。对于 $\beta = 1$ 的情况,可靠度逐渐递减,结果是失效率趋于恒定。当 $\beta > 1$ 时,可靠度开始缓慢递减,然后随着特征寿命趋近而递减。β 取不同值时韦布尔可靠性函数如图 3.17 所示。

韦布尔风险函数为

$$h(x) = \frac{\beta(x-\alpha)^{\beta-1}}{\theta^{\beta}} \quad (x \geqslant \alpha) \tag{3.45}$$

如果 $\beta = 1$,失效率恒等于 $1/\theta$;如果 $\beta > 1$,失效率是递增的,β 值越大,失效率递增得越迅速。β 取不同值时韦布尔风险函数如图 3.18 所示。

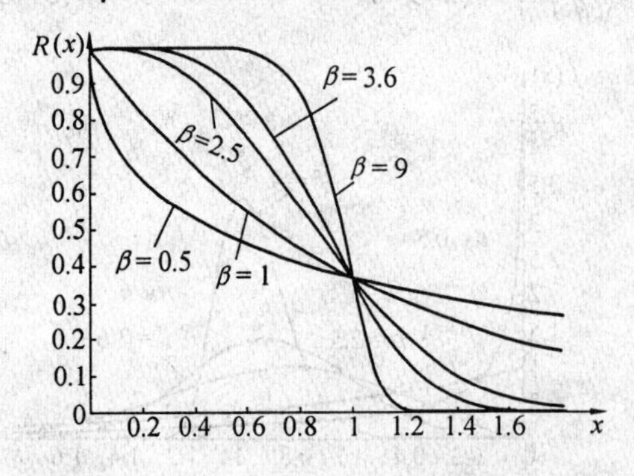

图 3.17 β 取不同值时韦布尔可靠性函数

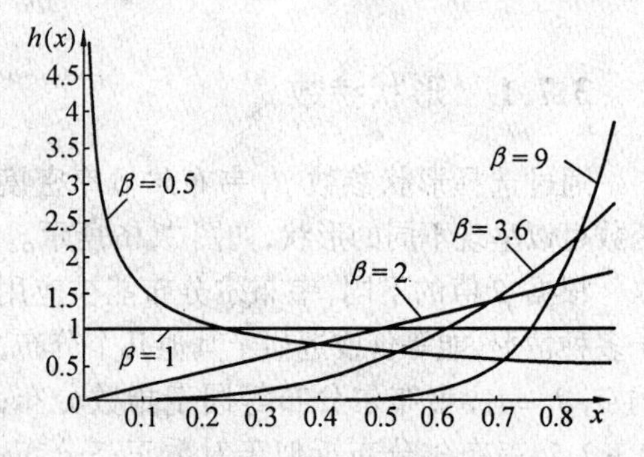

图 3.18 β 取不同值时韦布尔风险函数

3.8 极值分布(Gumbel 分布)

3.8.1 Ⅰ型极大值分布概率密度函数

Ⅰ型极大值分布概率密度函数为

$$f(x)=\frac{1}{\sigma}e^{-\frac{x-\mu}{\sigma}}e^{-e^{-\frac{x-\mu}{\sigma}}}\quad(-\infty<x<\infty,\ \sigma>0,\ -\infty<\mu<\infty)\tag{3.46}$$

式中 μ—— 极值分布的位置参数;

σ—— 极值分布的尺度参数。

极大值分布的数字特征为

$$E(x)=\mu+0.577\,2\sigma,\quad D(x)=1.645\sigma^2$$

3.8.2 Ⅰ型极小值分布概率密度函数

Ⅰ型极小值分布概率密度函数为

$$f(x)=\frac{1}{\sigma}e^{\frac{x-\mu}{\sigma}}e^{-e^{\frac{x-\mu}{\sigma}}}\quad(-\infty<x<\infty,\ 0<\sigma<\infty,\ -\infty<\mu<\infty)\tag{3.47}$$

式中 μ—— 位置参数;

σ—— 尺度参数。

极小值分布的数字特征为

$$E(x)=\mu-0.577\,2\,\sigma,\quad D(x)=1.645\sigma^2$$

Ⅰ型极值分布是对应于大量子样的最小值或最大值的分布,主要用来描述一个随机变量出现极小值或极大值的现象。这类问题很多,例如,建筑工程中构件抗力的最小值分布,结构载荷的最大值分布,机械工程中导致机械产品失效的强度或寿命的最小值分布,短期过载的最大值分布,串联系统的最弱元件,并联系统中最强元件等。

Ⅰ型极小值分布与韦布尔分布的关系为:设随机变量 T 服从韦布尔分布,则 $x=\ln T$ 服从 Ⅰ 型极小极值分布。由于 Ⅰ 型极小极值分布与韦布尔分布有这种关系,因此,可以用它作为韦布尔分布的拟合优度检验,所以,极值分布也是寿命数据分析中经常用到的一种分布类型。

第4章

可靠性设计原理与可靠度计算

4.1 产品设计中的可靠性问题

从可靠性的角度,可将机械设计所涉及的产品划分为3类:

(1) 本质上可靠的零件。它是指强度与应力之间有很大的裕度,且在使用寿命期内不耗损的零件。这样的零件包括正确使用的电子器件、不运动的机械零部件和正确的软件。

(2) 本质上不可靠的零件。它是指设计裕度低或者不断耗损的零件。它包括恶劣环境下工作的零件(例如涡轮机叶片),与其他零件有动接触的零件(例如齿轮、轴承和动力传输带等)。

(3) 由很多零件和界面组成的系统。例如机床、汽车、飞机、工程机械等,存在很多种失效的可能性,特别是界面失效(包括不适当的电过载保护,薄弱的振动节点,电磁冲突,存在错误的软件等)。

为了保证产品的可靠性与安全性,设计工程师的任务包括:

(1) 正确地选用零件。

(2) 保证产品具有足够的安全裕度,特别是在强度或应力可能出现极值的场合。

(3) 通过安全寿命设计、维修等防止耗损故障模式在设计寿命期内发生。

(4) 确保系统界面不会由于相互作用、容差错配等原因导致失效。

对于大多数机械产品,初步设计的各方面都无法达到"本质可靠"的标准。因此,对所设计的产品必须进行分析和测试,以便掌握其工作情况,了解其可能导致失效的原因。查明各种原因后,必须重新设计并且重新测试,直到最后的设计达到规定要求。

产品按照设计要求被制造出来。原则上,每个产品都应该相同并且制造精确,而实际上这是不可能实现的。不论由人工制造还是通过机器制造,生产制造过程的各个环节都存在固有的不确定性。理解并且控制这种不确定性,实施检查、测试,鉴定出不合要求的产品是制造者的任务。对很多机械产品来说,操作和维修的质量也影响其可靠性。

从全寿命周期的角度出发,产品可靠性问题有以下基本特征:

(1) 失效主要是由人(设计者、供应商、装配者、用户、维护者)造成的,因此可靠性的保证基本上是一项管理任务,为防止产生失效,应保证选用合适的人、团队、技能和其他资源。

(2) 产品的可靠性及其质量不是依靠彼此独立的几个专家就能有效地保证的,防止失效要通过全体人员共同有效的工作才能得以保证。

(3) 对于防止失效而言,可以说不存在极限。人们可以设计并且制造出可靠性越来越高的产品。

在产品的制造质量方面,也不存在进一步提高质量就会导致更高的费用的分界点,在考虑整个产品寿命周期时这一观点就更有意义。与在生产质量方面的改进相比较,努力保证设计产品内在的可靠性,通过好的设计和有效的试验研制,能带来更高的利润。

传统设计采用确定性的设计参数与设计指标,可靠性设计(或概率设计) 则把设计指标及有关参数作为随机变量处理。设计目标都是在给定的载荷条件下,设计出安全、合理的零件或结构,基本方法是通过对"载荷" 与"强度" 的比较,保证所设计的结构零件使用的安全性。确定性的强度设计一般根据许用应力和安全系数及相应的准则保证使用安全,可靠性设计通过控制失效概率来保证可用性。

可靠性设计与传统设计的主要差别可以简单地归纳为:

(1) 设计变量的属性及其运算方法不同。可靠性设计中涉及的变量大多是随机变量,涉及大量的概率统计运算。

(2) 安全指标不同。可靠性设计用可靠度作安全指标。可靠性指标不仅与相关参量的均值有关,也与其分散性有关。因而,可靠性指标能更客观地表征安全程度。

(3) 安全理念不同。可靠性设计是在概率的框架下考虑问题的。在概率的意义上,系统中各零件(或结构上的各部位) 的强弱是相对的,系统的可靠度是由所有零件共同决定的。而在确定性框架下,系统的强度(安全系数) 是由强度最小的零件(串联系统) 或强度最大的零件(并联系统) 决定的。

(4) 提高安全程度的措施不同。可靠性设计方法不仅关注应力与强度这两个基本参量的均值,同时也关注这两个随机变量的分散性。可以通过减少材料、结构性能的分散性来降低发生失效的概率。而传统设计一般都是要通过增大承力面积来降低工作应力,保证安全系数。对于结构系统来说,可靠性设计多采用冗余结构保证系统安全。

1. 传统的强度设计安全系数

在机械零件的常规设计中,把强度均值与应力均值之比称为安全系数。常规设计中使用的是一个经验的安全系数,尽管综合了计算方法及计算过程的准确性、材料性能的分散性、检查的周密性和使用的重要性等具体情况,但取值仍有相当大的主观性。事实上,只有当零件的强度和工作应力的不确定性非常小时,这样定义的安全系数才有意义。

2. 可靠度与设计安全性

由可靠度的定义可知,可靠度为安全系数大于 1 的概率。在可靠性设计中,将安全指标与可靠度相联系,可以充分利用材料、结构、载荷等方面的特征信息,采用严谨的理论方法,有根据地减少尺寸、重量,实现设计优化。

3. 可靠性设计中的载荷概念

载荷(一般为应力) 分布是可靠性设计涉及的重要参数之一,在某种意义上可以说是最重要的参数。由于在可靠性设计中,载荷是作为随机变量对待的,因此需要确定其概率分布。载荷分布对于产品可靠度的意义,可以是一次性作用的载荷以不同值出现的概率,也可以是多次作用的载荷的统计规律。对于一次性使用的产品,例如只要求发射一颗导弹的发射架、一次性的消防器材的保险装置等,载荷分布表达的是这个一次性出现的载荷的概率特征;对于长期使用、反复受载的产品,例如汽车、桥梁等,载荷分布一般是多次载荷的统计规律。

对于随机载荷 - 强度条件下的可靠性问题,有安全裕度 SM 和载荷粗糙度 LR 两个参数,即

$$SM = \frac{\mu_S - \mu_L}{(\sigma_S^2 + \sigma_L^2)^{1/2}} \tag{4.1}$$

$$LR = \frac{\sigma_L}{(\sigma_S^2 + \sigma_L^2)^{1/2}} \tag{4.2}$$

式中 μ_S, μ_L—— 强度和载荷的均值;

σ_S, σ_L—— 强度和载荷的标准差。

只有同时使用这两个参数,才能比较全面地描述载荷及其对可靠性的影响。

4. 设计参数的统计处理与计算

零件在载荷作用下产生应力,载荷通常是随机变化的,因此零件危险点的应力是随机变量。零件的强度取决于材料、加工、处理等诸多因素,即使同一批零件的强度也有明显的分散性,也是随机变量。

在机械可靠性设计中,影响应力分布和强度分布的物理参数、几何参数等也大都作为随机变量对待。静载荷一般可用正态分布描述,动载荷一般可用正态分布或对数正态分布描述。通常,材料的强度可以用正态分布描述。几何尺寸一般服从正态分布,且可根据 3σ 法则确定其分布参数。

4.2 机械产品可靠性的特点

1. 注重失效模式分析

失效模式分析是产品设计的重要内容。通过对失效模式、失效机理的研究,采用改进措施,防止失效的发生,可以保证设计的产品达到预定的可靠性要求。

进行失效模式分析的主要手段是故障模式、影响与致命度分析(FMECA)。根据产品寿命周期各阶段(方案论证、设计研制、生产、使用维护等) 的 FMECA 结果,找出主要的失效模式以及影响整个产品可靠性的关键零部件,并制定相应的改进措施。通过改进措施(必要时,对改进措施的有效性要通过试验进行验证) 提高产品的可靠性。

失效机理分析涉及很多学科领域,如系统分析,结构分析,材料物理,化学分析,测试,以及有关疲劳、断裂、腐蚀、磨损等各学科知识,其内容大致可分为:

(1) 用无损探伤、机械性能试验、断口的宏观和微观观察分析、金相观察分析和化学分析等手段,对失效件进行失效机理分析。

(2) 用强度、疲劳、断裂等力学分析方法对失效零件进行分析计算。

(3) 在以上分析的基础上初步确定失效的原因和机理。

(4) 模拟试验以验证失效的原因和对机理的分析。

2. 对关键零件进行失效概率评价

根据经验数据或 FMECA 确定产品的可靠性关键件和重要件及其相应的失效模式，然后针对其主要失效模式进行失效概率分析、预测，如静强度失效概率、疲劳和断裂失效概率、磨损和腐蚀失效概率分析等，以确保关键件和重要件的可靠性。

3. 注意产品的维修性和使用操作

产品的可靠性与其维修性和使用操作有很大关系，机械产品的可靠性与其维修性和使用操作的关系更密切。机械产品进入耗损失效阶段时，失效率急剧上升，此时产品的可靠性由提供的维修情况决定。因此，机械产品设计时应当考虑使失效容易发现、易于检查、便于维修。

由于机械产品是由人直接操纵的，因此，人机工程及人的可靠性问题也应予以特别考虑。

4. 产品的可靠性预测

由于失效环境、工作条件的影响较大等原因，零部件的失效率数据应是在相似产品以往可靠性信息的基础上，经分析(失效模式、载荷条件、环境条件和使用条件等方面的差异比较) 后选用。机械产品可靠性预测的重要作用之一是在设计过程中为了使系统达到要求的可靠性指标，指出应予以特别注意的薄弱环节和改进方向。

5. 在产品研制过程中重视可靠性试验对保证产品可靠性的作用

机械产品工作环境非常复杂，实验室试验很难模拟真实的环境和应力，因此，必要时需进行现场可靠性试验，或收集使用现场的失效信息。

对于复杂的机械产品，由于体积大、成本高、时间长、费用高等原因不能进行可靠性试验。这时可采用较低层次(子系统、部件、组件或零件) 的可靠性试验，然后综合试验结果、应力分析结果和类似产品的可靠性数据及产品现场的使用情况，对其可靠性进行综合评价。

4.3 应力和强度的随机分布特性

4.3.1 应力和强度随机性的影响因素

在机械产品中，广义应力是引起失效的负荷，而广义强度则是抵抗失效的能力。由于影响应力和强度的因素具有随机性，所以应力和强度也具有随机性。

在常规的机械产品设计中，使用安全系数来考虑这种不确定性对产品的影响。由于对不同分散特性(分布类型和分布参数) 的情况没有区分，所以这种考虑是比较粗糙的。为了保证安全，安全系数往往取值较大，设计多偏于保守。机械可靠性设计根据应力和强度实际存在的不确定性，应用概率论和数理统计的方法，保证所设计的机械产品在使用期内满足规定的不失效概率的要求。

要确定应力和强度的随机特性,首先应了解影响应力和强度随机性的因素。一般情况下,影响应力的主要因素有外载荷、结构形状和尺寸等;影响强度的主要因素有材料的机械性能、加工工艺、表面质量、使用环境等。

1. 载荷

机械产品所承受的载荷大都是不规则变化的、不能重复的随机性载荷。例如,自行车因人的体重和道路的差别等原因,其载荷是随机变量。飞机的载荷不仅与载重有关,而且与飞机自身重量、飞行速度、飞行状态、气象及驾驶员操作有关。传统的飞机设计对于影响飞机外载荷的参数,如过载系数、速度、攻角、飞行高度、侧滑角等都是按定值计算的,而实际上它们都是随机变量。

2. 几何形状及尺寸

由于制造尺寸误差是随机变量,所以零件、构件的形状与尺寸也都是随机变量。

3. 材料性能

材料性能数据是由试验得到的,原始数据具有离散性,但一般给出的材料性能数据往往为均值或最大值和最小值,不能反映材料的随机性。

4. 生产情况

生产中的随机因素非常多,如毛坯生产中产生的缺陷和残余应力,热处理过程中材质的均匀性难以保证一致,机械加工对表面质量的影响等。此外,装配、搬运、贮存以及质量控制、检验的差异等诸多因素也是影响应力和强度的随机因素。

5. 使用情况

使用情况主要包括使用中的环境、操作人员和维护等方面情况,如工作环境中的温度、湿度、沙尘、腐蚀液(气)等的影响,操作人员的熟练程度和维护保养的好坏等。

6. 应力分布确定

致命度分析是确定需要进行可靠度计算的重要失效模式,如静强度断裂、屈服、失稳、过大变形、疲劳、磨损、腐蚀等。针对不同的失效模式确定相应的失效判据,如最大正应力、最大剪应力、最大变形能、最大应变、最大磨损量等。针对不同失效判据,应用材料力学、弹塑性理论、断裂力学和实验应力分析、有限元分析等方面的知识计算其应力。影响应力的因素有外载荷、几何尺寸、物理特性、温度和时间等,因此应力是以上诸因素的函数,用数学表达式可表示为

$$s = f(L, T, A, p, t, m) \tag{4.3}$$

式中 L—— 载荷;

T—— 温度;

A—— 几何尺寸变量,如长度、截面积、转动惯量等;

p—— 物理性质变量,如弹性模量、泊松比、热膨胀系数等;

t—— 时间;

m—— 其他。

根据实际受力情况,用修正系数对计算的名义应力进行适当的修正,得到相应应力分量的最大值。常用的应力修正系数有:应力集中系数、载荷系数、温度系数、表面处理应力系数、热处理应力系数等。

确定应力方程中每个参数和系数的分布,可通过概率运算、矩法或蒙特卡洛法得出相应的应力分布。

7.强度分布确定

首先要建立与失效应力判据相对应的强度判据。常用的静强度失效判据有最大正应力判据、最大剪应力判据、最大变形能强度等,然后确定名义强度。名义强度指在标准试验条件下确定的试件强度,常用的名义强度有强度极限、屈服极限、疲劳极限、变形、变形能和磨损(腐蚀)量等。最后,用适当的修正系数修正名义强度。零件的强度与试件的强度差别需用修正系数进行修正,通常考虑的修正系数有尺寸系数、表面质量系数、应力集中系数等。

确定强度方程中所有参数和系数的分布,可通过概率运算、矩法或蒙特卡洛法得出相应的强度分布。

例4.1 一受拉圆柱截面直杆,已知杆所受拉力载荷 $p(\mu_p,\sigma_p)$,拉杆的截面半径 $r(\mu_r,\sigma_r)$,试确定其应力分布的均值和标准差(μ 表示随机变量的均值,σ 表示随机变量的标准差)。

解 假设此拉杆可能的失效模式为拉断,则根据材料力学的应力计算公式($s=p/\pi r^2$)和概率论中随机变量函数的分布参数的算法(具体方法见后面章节),其横截面的正应力 $s(\mu_s,\sigma_s)$ 的均值和标准差可分别计算出来,即

$$\mu_s=\frac{\mu_p}{\pi\mu_r^2}$$

$$\sigma_s=\frac{1}{\mu_A^2}(\mu_p^2\sigma_A^2+\mu_A^2\sigma_p^2)^{\frac{1}{2}}=\frac{1}{\mu_A^2}[\mu_p^2(2\pi\mu_r\sigma_r)^2+(\pi\mu_r^2)^2\sigma_p^2]^{\frac{1}{2}}$$

4.3.2 统计数据的来源和处理

设计参数的来源有以下几种途径:

1.真实情况的实测或观察

均值

$$\mu_x=\frac{1}{n}\sum_{i=1}^{n}x_i$$

标准差

$$\sigma_x=\left[\frac{1}{n-1}\sum_{i=1}^{n}(x_i-\bar{x})^2\right]^{\frac{1}{2}}$$

变异系数

$$C_x=\frac{\sigma_x}{\mu_x}$$

2. 模拟真实情况的测试

3. 标准试件的专门试验

4. 利用手册、产品目录或其他文献中的数据

(1) 一般在手册或产品目录中查得的数据如无说明可视为均值。

(2) 如已给出数据的公差或范围,可按 3σ 原则处理。

① 已知数据为 $x \pm \Delta x$ 时,可取 $\mu_x = x, \quad \sigma_x = \dfrac{\Delta x}{3}$。

② 已知数据为 $x_{\min}, x_{\max}$ 时,可取 $\mu_x = \dfrac{x_{\max} + x_{\min}}{2}, \quad \sigma_x = \dfrac{x_{\max} - x_{\min}}{6}$。

4.4 随机变量函数的均值和标准差计算方法

4.4.1 求应力分布参数的矩法(泰勒展开法)

用矩法求随机变量 x 的函数 $f(x)$ 的均值及标准差,是通过泰勒展开式来实现的。对 n 维函数 $y = f(x_1, x_2, \cdots, x_n)$,当 $x_1, x_2, \cdots, x_n$ 相互独立,且各随机变量的变异系数 $C_{x_i} = \sigma_{x_i}/\mu_{x_i}$ 都很小时可用此方法。

1. 一维随机变量

设 $y = f(x)$ 为一维随机变量 x 的函数,x 的均值为 μ(已知)。将 $f(x)$ 在 $x = \mu$ 处展开,即

$$y = f(x) = f(\mu) + (x - \mu)f'(\mu) + \frac{1}{2}(x - \mu)^2 f''(\mu) + R \tag{4.4}$$

式中,R 为残差。

对式(4.4)取数学期望,有

$$E(y) = E[f(\mu)] + E[(x - \mu)f'(\mu)] + E[\frac{1}{2}(x - \mu)^2 f''(\mu)] + E[R] \approx$$
$$f(\mu) + \frac{1}{2}f''(\mu) \cdot \mathrm{var}(x)$$

即

$$E(y) \approx f(\mu) + \frac{1}{2}f''(\mu)\mathrm{var}(x) \tag{4.5}$$

对上式取方差,有

$$\mathrm{var}(y) = \mathrm{var}[f(\mu)] + \mathrm{var}[(x - \mu)f'(\mu)] + \mathrm{var}[R_1] =$$
$$\mathrm{var}[(x - \mu)][f'(\mu)]^2 + \mathrm{var}[R_1] = \mathrm{var}[x][f'(\mu)]^2$$

即

$$\mathrm{var}(y) = \mathrm{var}[x][f'(\mu)]^2 \tag{4.6}$$

2. 多维随机变量

设 $y = f(x) = f(x_1, x_2, \cdots, x_n)$ 为相互独立的随机变量$(x_1, x_2, \cdots, x_n)$的函数,在均

值处展开，即

$$y = f(\mu_1,\mu_2,\cdots,\mu_n) + \sum_{i=1}^{n} \frac{\partial f(x)}{\partial x_i}\bigg|_{x=\mu} \cdot (x_i - \mu_i) + \frac{1}{2}\sum_{j=1}^{n}\sum_{i=1}^{n} \frac{\partial^2 f(x)}{\partial x_i \partial x_j}\bigg|_{x=\mu} \cdot (x_i - \mu_i)(x_j - \mu_j) + R_n$$

有

$$E(y) \approx f(\mu_1,\mu_2,\cdots,\mu_n) + \frac{1}{2}\sum_{i=1}^{n} \frac{\partial^2 f(x)}{\partial x_i^2}\bigg|_{x=\mu} \cdot \mathrm{var}(x_i) \tag{4.7}$$

$$\mathrm{var}(y) \approx \sum_{i=1}^{n}\left\{\left(\frac{\partial f(x)}{\partial x_i}\bigg|_{x=\mu}\right)^2 \mathrm{var}(x_i)\right\} \tag{4.8}$$

4.4.2 基本函数法

将常用函数形式作为基本函数，可以用表4.1中的公式求均值、标准差和变异系数。一些较复杂的函数可转化为这些基本函数形式。

表4.1 基本函数形式及其参数计算

基本函数	均值 μ_y	标准差 σ_y	变异系数 C_y
$y = ax$	$a\mu_x$	$a\sigma_x$	C_x
$y = a \pm x$	$a \pm \mu_x$	σ_x	$\frac{\mu_x C_x}{a \pm \mu_x}$
$y = x_1 \pm x_2$	$\mu_{x_1} \pm \mu_{x_2}$	$(\sigma_{x_1}^2 + \sigma_{x_2}^2 \pm 2\rho_{12}\sigma_{x_1}\sigma_{x_2})^{\frac{1}{2}}$	$\frac{(\mu_{x_1}^2 C_{x_1}^2 + \mu_{x_2}^2 C_{x_2}^2 \pm 2\rho_{12}\mu_{x_1}\mu_{x_2}C_{x_1}C_{x_2})^{\frac{1}{2}}}{\mu_{x_1} \pm \mu_{x_2}}$
$y = x_1 x_2$	$\mu_{x_1}\mu_{x_2} + \rho_{12}\sigma_{x_1}\sigma_{x_2}$	$(\mu_{x_1}^2\sigma_{x_2}^2 + \mu_{x_2}^2\sigma_{x_1}^2 + 2\rho_{12}\mu_{x_1}\mu_{x_2}\sigma_{x_1}\sigma_{x_2})^{\frac{1}{2}}$	$(C_{x_1}^2 + C_{x_2}^2 + 2\rho_{12}C_{x_1}C_{x_2})^{\frac{1}{2}}$
$y = \frac{x_1}{x_2}$	$\frac{\mu_{x_1}}{\mu_{x_2}} + \frac{\mu_{x_1}\sigma_{x_2}}{\mu_{x_2}^2}\left(\frac{\sigma_{x_2}}{\mu_{x_2}} - \frac{\rho_{12}\sigma_{x_1}}{\mu_{x_1}}\right)$	$\frac{\mu_{x_1}}{\mu_{x_2}}\left(\frac{\sigma_{x_1}^2}{\mu_{x_1}^2} + \frac{\sigma_{x_2}^2}{\mu_{x_2}^2} - \frac{2\rho_{12}\sigma_{x_1}\sigma_{x_2}}{\mu_{x_1}\mu_{x_2}}\right)^{\frac{1}{2}}$	$(C_{x_1}^2 + C_{x_2}^2 - 2\rho_{12}C_{x_1}C_{x_2})^{\frac{1}{2}}$
$y = x^n$	μ_x^n	$\lvert n \rvert \mu_x^{n-1}\sigma_x$	$\lvert n \rvert C_x$

注：表中 ρ 为相关系数。

4.5 应力 - 强度干涉模型与可靠度计算

4.5.1 应力 - 强度干涉模型

1. 基本概念

在机械产品中，零件是否失效决定于强度和应力的关系。当零件的强度大于应力时，能够正常工作；当零件的强度小于应力时，则发生失效。因此，要求零件在规定的条件下和

规定的时间内能够承载，必须满足

$$S > s \quad 或 \quad S - s > 0 \tag{4.9}$$

式中　S—— 零件的强度；

s—— 零件的应力。

工程实际中的应力和强度都是随机变量，把应力和强度的分布在同一坐标系中表示，如图 4.1 所示，横坐标表示应力 - 强度，纵坐标表示应力 - 强度的概率密度函数，函数 $h(s)$ 和 $f(S)$ 分别表示应力和强度的概率密度函数。图中阴影部分表示应力和强度的“干涉区”，也就是说，存在强度小于应力，即失效的概率。这种根据应力和强度的干涉关系计算强度大于应力的概率(可靠度) 或强度小于应力的概率(失效概率) 的模型，称为应力 - 强度干涉模型。

根据可靠度的定义，可靠度等于强度大于应力的概率，即

$$R(t) = P(S > s) = P(S - s > 0) \tag{4.10}$$

2. 可靠度的一般表达式

根据干涉模型计算强度大于应力的概率。可靠度的原理如图 4.2 所示，首先对连续的应力空间进行一个划分，并将连续的应力离散化，用各小区间的中值代替各区间内的应力变量。显然，各离散应力出现的概率为 $h(s_i)\mathrm{d}s_i$。考虑一个指定的离散应力，当应力为 s_i 时，强度大于应力的概率为

$$P(S > s_i) = \int_{s_i}^{\infty} f(S)\mathrm{d}S \tag{4.11}$$

式中　$f(S)$—— 强度分布密度函数。

应力 s_i 处于 $\mathrm{d}s_i$ 区间内的概率可表达为

$$P\left(s_i - \frac{\mathrm{d}s}{2} \leqslant s \leqslant s_i + \frac{\mathrm{d}s}{2}\right) = h(s_i)\mathrm{d}s_i \tag{4.12}$$

式中　$h(s)$—— 应力分布密度函数。

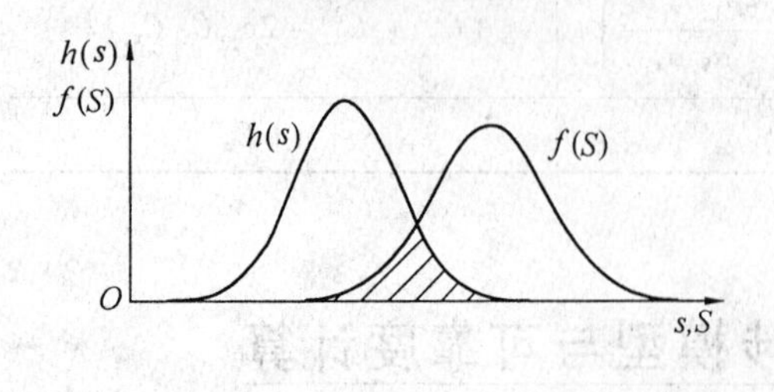

图 4.1　应力 - 强度干涉模型

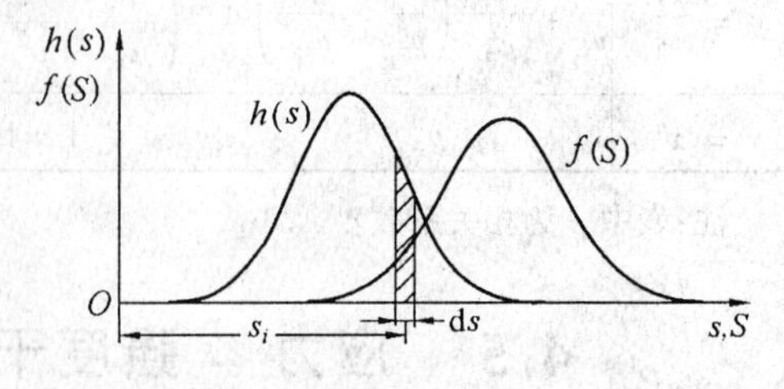

图 4.2　干涉模型原理图

一般可以假设零件的强度与其承受的应力相互独立，因此，$(S > s_i)$ 与 $\left(s_i - \frac{\mathrm{d}s}{2} \leqslant s \leqslant s_i + \frac{\mathrm{d}s}{2}\right)$ 为两个独立的随机事件，这两个独立事件同时发生的概率为

$$\mathrm{d}R = h(s_i)\mathrm{d}s_i \cdot \int_{s_i}^{\infty} f(S)\mathrm{d}S$$

上式 s_i 为应力区间内的任意一个离散值。考虑整个应力区间内应力分布情况，根据全概率公式，强度大于应力的概率(可靠度)为

$$R = \int \mathrm{d}R = \int_{-\infty}^{\infty} h(s) \cdot \left[\int_{s}^{\infty} f(S)\mathrm{d}S\right]\mathrm{d}s \tag{4.13a}$$

当应力和强度的概率分布为已知时，零件可靠度一般表达式为

$$R = \int_{-\infty}^{+\infty} \left[\int_{-\infty}^{S} h(s)\mathrm{d}s\right] f(S)\mathrm{d}S \tag{4.13b}$$

或

$$R = \int_{-\infty}^{+\infty} \left[\int_{S}^{+\infty} f(S)\mathrm{d}S\right] h(s)\mathrm{d}s \tag{4.13c}$$

可靠性干涉模型还可写成两种形式，即

$$R = \int_{-\infty}^{\infty} h(s)f(S)\mathrm{d}S \tag{4.14a}$$

$$R = 1 - \int_{-\infty}^{\infty} F(S)h(s)\mathrm{d}s \tag{4.14b}$$

式中，$h(s) = \int_{-\infty}^{s} h(x)\mathrm{d}x$，$F(S) = \int_{-\infty}^{S} f(x)\mathrm{d}x$，分别为应力和强度的累积概率密度函数。

根据应力 - 强度干涉模型，如果已知应力分布和强度分布，就可以计算出零件的可靠度。当应力 $s \sim N(\mu_s, \sigma_s^2)$ 与强度 $S \sim N(\mu_S, \sigma_S^2)$ 均为正态分布时，可以进行变换，即

$$y = S - s \sim (\mu_y, \sigma_y^2) \tag{4.15}$$

式中

$$\mu_y = \mu_S - \mu_s, \quad \sigma_y^2 = \sigma_S^2 + \sigma_s^2$$

这时，可靠度可表达为

$$R = \int_{0}^{\infty} \frac{1}{\sigma_y \sqrt{2\pi}} \exp\left[-\frac{1}{2}\left(\frac{y - \mu_y}{\sigma_y}\right)^2\right]\mathrm{d}y \tag{4.16}$$

令

$$z = \frac{y - \mu_y}{\sigma_y} \tag{4.17}$$

则 z 为标准正态分布随机变量，且有

$$R = \int_{\frac{\mu_S - \mu_s}{\sqrt{\sigma_S^2 + \sigma_s^2}}}^{\infty} \frac{1}{\sqrt{2\pi}} \exp\left[-\frac{z^2}{2}\right]\mathrm{d}z \tag{4.18}$$

上式的可靠度 R 可通过查阅标准正态分布表获得，即

$$R = 1 - \Phi\left(-\frac{\mu_S - \mu_s}{\sqrt{\sigma_S^2 + \sigma_s^2}}\right) = \Phi\left(\frac{\mu_S - \mu_s}{\sqrt{\sigma_S^2 + \sigma_s^2}}\right) \tag{4.19}$$

令

$$z_0 = -\frac{\mu_S - \mu_s}{\sqrt{\sigma_S^2 + \sigma_s^2}} \tag{4.20}$$

式(4.20)称为可靠性联结方程(或称耦合方程)，$z_R = -z_0$ 称为可靠性系数或可靠度指数。

关于可靠性干涉模型，还有一点应该明确的是，在应力－强度干涉图中，干涉面积并不等于失效概率。这二者之间的关系很容易用函数关系表达(图4.3)。图中，$h(s)$ 为应力概率密度函数，$f(S)$ 为强度概率密度函数，$\pi(x)$ 是理论推导出来的条件失效概率函数，实线 $\pi(x)$ 下的面积在数值上等于失效概率，该面积一般小于干涉区面积。

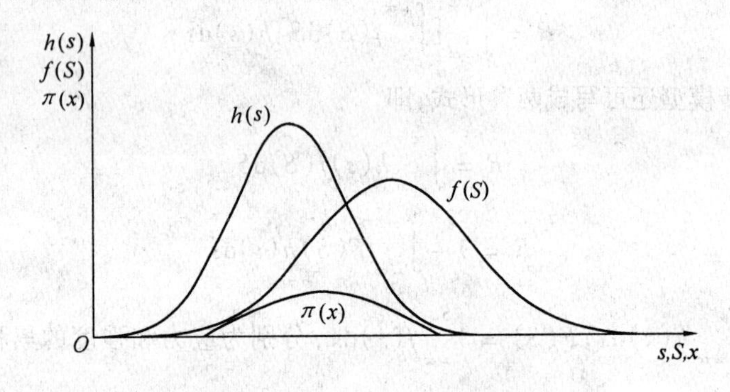

图4.3 干涉区面积与失效概率

4.5.2 载荷多次作用的干涉模型

在传统的零件可靠性分析的计算方法中，一般不太关注载荷分散性与强度分散性对导致零件失效概率的不同意义。例如，零件可靠度 R(零件强度 S 大于应力 s 的概率)由载荷－强度干涉模型(式(4.13))计算。

容易知道，式(4.13)表述的是一次性载荷的情形。也就是说，该式可用于计算一次性使用(寿命周期内只承受一次载荷)的产品的可靠性。若要将该式应用于长期工作的产品，则相应的应力分布应该是其寿命周期内的极值应力的概率分布。获得这样的载荷分布的方法是，在多个样本的全寿命周期载荷历程中，取各载荷历程的极限载荷进行统计，得出极限载荷分布。这样做可以求出一个失效概率，但无法表达可靠性的时间属性。

对于施加 n 次载荷的情形，如果使用的载荷分布是根据一个样本的载荷历程在不同时间点上采样得出的，则相应的可靠性计算模型为

$$R = \int_0^{\infty} f(S)\left[\int_0^S h(s)\mathrm{d}s\right]^n \mathrm{d}S \tag{4.21}$$

这时，可靠度就变成了安全裕度与载荷粗糙度的函数。也就是说，在载荷多次作用的场合，可靠度不仅仅是安全裕度的函数，同时也是载荷粗糙度的函数。载荷粗糙度这个参数对系统可靠性也有重要意义。同时，该式也直接地将可靠性与时间参数 t(载荷作用次数 n 与时间 t 有关)联系了起来。

4.6 典型应力－强度分布的可靠度计算

4.6.1 应力与强度服从指数分布时可靠度计算

应力分布函数 $F_s(x)=\begin{cases}1-e^{-\lambda_s x} & 当\ x\geqslant 0\\ 0 & 当\ x<0\end{cases}$

强度分布函数 $F_S(x)=\begin{cases}1-e^{-\lambda_S x} & 当\ x\geqslant 0\\ 0 & 当\ x<0\end{cases}$

可靠度

$$R=\int_{-\infty}^{\infty}F_s(x)F_S(x)\mathrm{d}x=\int_0^{\infty}(1-e^{-\lambda_s x})\lambda_S e^{-\lambda_S x}\mathrm{d}x=\frac{\lambda_s}{\lambda_s+\lambda_S}=\frac{\mu_S}{\mu_S+\mu_s}$$

式中 λ_s——应力分布参数，$\lambda_s=\dfrac{1}{\mu_s}$，$\mu_s$ 为应力均值；

λ_S——强度分布参数，$\lambda_S=\dfrac{1}{\mu_S}$，$\mu_S$ 为强度均值。

4.6.2 应力与强度正态分布时可靠度的计算

已知应力 $s\sim N(\mu_s,\sigma_s^2)$，强度 $S\sim N(\mu_S,\sigma_S^2)$。

将应力和强度的分布标准化处理，可得到用联结方程表达的可靠性系数 Z_R。联结方程为

$$Z_R=-\frac{\mu_S-\mu_s}{(\sigma_S^2+\sigma_s^2)^{\frac{1}{2}}}$$

可靠度为

$$R=1-\Phi(Z_R)=\Phi(-Z_R)$$

例4.2 已知汽车某零件的工作应力及材料强度均为正态分布，且应力的均值 $\mu_s=$ 380 MPa，标准差 $\sigma_s=42$ MPa，材料强度的均值 $\mu_S=750$ MPa，标准差 $\sigma_S=81$ MPa。试确定零件的可靠度。另一批零件由于热处理不佳及环境温度的较大变化，使零件强度的标准差增大至 120 MPa。问其可靠度如何？

解 应用联结方程

$$Z_R=-\frac{\mu_S-\mu_s}{(\sigma_S^2+\sigma_s^2)^{\frac{1}{2}}}=-\frac{750-380}{(42^2+81^2)^{\frac{1}{2}}}=-\frac{370}{91.24}=-4.055$$

得

$$R=1-\Phi(Z_R)=\Phi(-Z_R)=\Phi(4.055)$$

查正态分布表得 $R=0.999\ 97$。

当强度的标准差增大至 120 MPa 时

$$Z_R = -\frac{\mu_S - \mu_s}{(\sigma_S^2 + \sigma_s^2)^{\frac{1}{2}}} = \frac{750 - 380}{(42^2 + 120^2)^{\frac{1}{2}}} = -\frac{370}{127.14} = -2.910$$

查表得 $R = 0.998\ 2$

4.6.3 应力与强度对数正态分布时可靠度的计算

已知,应力 $\ln s \sim N(\mu_{\ln s}, \sigma_{\ln s}^2)$,应力的对数均值 $\mu_{\ln s} = \overline{\ln s} = \ln \mu_s - \frac{\sigma_{\ln s}^2}{2}$,应力的对数标准差 $\sigma_{\ln s}^2 = \left[\ln\left(\frac{\sigma_s^2}{\mu_s^2} + 1\right)\right]^{\frac{1}{2}} = [\ln(C_s^2 + 1)]^{\frac{1}{2}} \approx C_s^2$;强度 $\ln S \sim N(\mu_{\ln S}, \sigma_{\ln S}^2)$,强度的对数均值 $\mu_{\ln S} = \overline{\ln S} = \ln \mu_S - \frac{\sigma_{\ln S}^2}{2}$,强度的对数标准差 $\sigma_{\ln S} = \left[\ln\left(\frac{\sigma_S^2}{\mu_S^2} + 1\right)\right]^{\frac{1}{2}} = [\ln(C_S^2 + 1)]^{\frac{1}{2}} \approx C_S^2$。

联结方程为

$$Z_R = -\frac{\mu_{\ln S} - \mu_{\ln s}}{(\sigma_{\ln S}^2 + \sigma_{\ln s}^2)^{\frac{1}{2}}}$$

可靠度为

$$R = 1 - \Phi(Z_R) = \Phi(-Z_R)$$

Z_R 的近似计算:取 $\mu_s \approx \ln \mu_s, \mu_S \approx \ln \mu_S, \sigma_s \approx \frac{\sigma_{\ln s}}{\mu_s} = C_s, \sigma_S \approx \frac{\sigma_S}{\mu_S} = C_S$,则

$$Z_R \approx -\frac{\ln \mu_S - \ln \mu_s}{(C_S^2 + C_s^2)^{\frac{1}{2}}} = -\frac{\ln \frac{\mu_S}{\mu_s}}{(C_S^2 + C_s^2)^{\frac{1}{2}}}$$

例 4.3 已知某机械零件的应力与强度均服从对数正态分布,其均值及标准差 $\mu_s = 60$ MPa,$\sigma_s = 10$ MPa,$\mu_S = 100$ MPa,$\sigma_S = 10$ MPa。试计算该零件的可靠度。

解 根据以上公式,可以求出

$$\sigma_{\ln s}^2 = \ln\left(\frac{\sigma_s^2}{\mu_s^2} + 1\right) = \ln\left[\left(\frac{10}{60}\right)^2 + 1\right] = 0.027\ 4$$

$$\mu_{\ln s} = \ln \mu_s - \frac{\sigma_{\ln s}^2}{2} = \ln 60 - \frac{1}{2} \times 0.027\ 4 = 4.080\ 6$$

$$\sigma_{\ln S}^2 = \ln\left(\frac{\sigma_S^2}{\mu_S^2} + 1\right) = \ln\left[\left(\frac{10}{100}\right)^2 + 1\right] = 0.009\ 95$$

$$\mu_{\ln S} = \ln \mu_S - \frac{\sigma_{\ln S}^2}{2} = \ln 100 - \frac{1}{2} \times 0.009\ 95 = 4.600\ 2$$

代入联结方程式,得

$$Z_R = -\frac{\mu_{\ln S} - \mu_{\ln s}}{(\sigma_{\ln S}^2 + \sigma_{\ln s}^2)^{\frac{1}{2}}} = -\frac{4.600\ 2 - 4.080\ 6}{(0.009\ 95^2 + 0.027\ 4^2)^{\frac{1}{2}}} = -2.688\ 6$$

查表得可靠度为

$$R = 1 - \Phi(Z_R) = \Phi(-Z_R) = \Phi(2.688\ 6) = 0.996\ 4$$

同理,可求得其他常用应力和强度概率分布下可靠度的计算公式,见表4.2。

表4.2 常用概率分布的可靠度计算公式

序号	应力	强度	可靠度计算公式
(1)	正态分布 $N(\mu_s,\sigma_s^2)$	正态分布 $N(\mu_S,\sigma_S^2)$	$R = \int_\beta^\infty \frac{1}{\sqrt{2\pi}} e^{-\frac{u^2}{2}} du = \Phi(\beta)$ $\beta = (\mu_S - \mu_s)/(\sqrt{\sigma_S^2 + \sigma_s^2})$
(2)	对数正态分布 $\ln s \sim N(\mu_{\ln s},\sigma_{\ln s}^2)$	对数正态分布 $\ln S \sim N(\mu_{\ln S},\sigma_{\ln S}^2)$	$R = \Phi[(\mu_{\ln S} - \mu_{\ln s})/\sqrt{\sigma_{\ln S}^2 + \sigma_{\ln s}^2}]$ $\mu_{\ln S} = (\ln \mu_S - \sigma_{\ln S}^2)/2$ $\sigma_{\ln S}^2 = \ln\left[\left(\frac{\sigma_S}{\mu_S}\right) + 1\right] = \ln[C_S^2 + 1]$ $C_S = \sigma_S/\mu_S$
(3)	指数分布 $e(\lambda_s)$	指数分布 $e(\lambda_S)$	$R = \frac{\lambda_s}{\lambda_s + \lambda_S}$
(4)	正态分布 $N(\mu_s,\sigma_s^2)$	指数分布 $e(\lambda_S)$	$R = \left[1 - \Phi\left(-\frac{\mu_s - \lambda_S\sigma_s^2}{\sigma_s}\right)\right]\exp\left[-\frac{1}{2}(2\mu_s\lambda_S - \lambda_S^2\sigma_s^2)\right]$
(5)	指数分布 $e(\lambda_s)$	正态分布 $N(\mu_S,\sigma_S^2)$	$R = \Phi\left(\frac{\mu_S}{\sigma_S}\right) - \Phi\left(-\frac{\lambda_s - \lambda_s\sigma_S^2}{\sigma_S}\right)\exp\left[-\frac{1}{2}(2\mu_S\lambda_s - \lambda_s^2\sigma_S^2)\right]$
(6)	指数分布 $e(\lambda_s)$	Γ分布 $\Gamma(\lambda_S, m)$	$R = 1 - \left(\frac{\lambda_S}{\lambda_S + \lambda_s}\right)^m$
(7)	Γ分布 $\Gamma(\lambda_s, n)$	指数分布 $e(\lambda_S)$	$R = 1 - \left(\frac{\lambda_s}{\lambda_s + \lambda_S}\right)^n$

第5章

零件可靠性设计

5.1 静强度可靠性设计

1.静强度概率设计的主要内容

(1) 根据零部件的功能、复杂程度、重要程度、使用条件、生产难易程度、相似产品失效的历史数据,以及产品(系统)的整体可靠性水平确定零件可靠性指标。

(2) 明确零部件失效模式,如屈服、失稳、断裂、过量变形等。统计不同失效模式下的载荷变异系数。

(3) 确定零件尺寸分布。零件的尺寸在允许的公差范围内变化,须作为随机变量处理。

通常,机械加工中的容许尺寸偏差是用公差来表示的。容许偏差 $\pm\Delta x$ 常常可以用于估计标准差。若预期的数据按统计规律分布在 $\bar{x}\pm\Delta x$ 的界限内,这个界限便可用来确定一个大子样的变化范围。通常,尺寸分布标准差的近似值可以表示为

$$S_x \approx \frac{(\bar{x}+\Delta x)-(\bar{x}-\Delta x)}{6}=\frac{\Delta x}{3} \tag{5.1}$$

式(5.1) 也可用于确定载荷的标准差。

一般认为尺寸服从正态分布。S_x 与 Δx 的关系如图 5.1 所示。

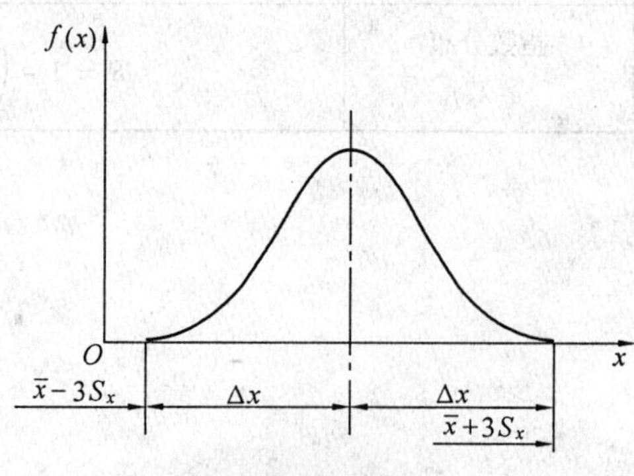

图 5.1 S_x 与 Δx 的关系

(4) 确定载荷均值和标准差。载荷的均值可由名义值确定,标准差一般由载荷的变异系数给定。

如果影响零件工作应力 s 的参数 $x_1\sim(\mu_1,\sigma_1^2),x_2\sim(\mu_2,\sigma_2^2),\cdots,x_n\sim(\mu_n,\sigma_n^2)$ 均为正态随机变量,则可以根据这些参数与应力的函数关系,把它们综合为仅含单一随机变量 z 的应力函数 $s(z)=f(x_1,x_2,\cdots,x_n)$,并确定其分布。

如果各随机变量的变异系数都小于 0.1,且满足随机变量的多重性要求,则由中心极

限定理可知,这个应力函数近似于正态分布。

(5) 确定材料强度的均值和标准差。可以根据材料的统计特性数据或根据经验确定。

(6) 应用联结方程确定零部件的设计参数。当强度和应力都是正态分布时,可根据联结方程进行概率设计;当强度和应力都是较复杂的基本随机变量函数时,根据一次二阶矩法可把功能函数按泰勒级数线性展开。

2. 静强度可靠性设计的一般步骤

(1) 选定可靠度 R。

(2) 查表求得可靠性系数 z_R。

(3) 确定零件的强度分布参数 μ_S, σ_S^2。

(4) 列出应力 L 的表达式。

(5) 计算工作应力(可表达为计算截面积 A 的函数)。

(6) 将应力、强度、可靠性系数代入联结方程 $z_R = \dfrac{\mu_S - \mu_L}{\sqrt{\sigma_S^2 + \sigma_L^2}}$,求得截面积均值。

3. 静强度可靠性设计举例

例 5.1 已知宽度为 1 000 ~ 1 200 mm 的冷轧碳钢板的名义厚度为 $t = 4.60 \sim 4.80$ mm,容许偏差为 ± 0.250 mm,试确定钢板厚度的标准差。

解 由式(5.1)可得

$$S_t \approx \frac{\Delta t}{3} = \frac{0.250}{3} = 0.083 \text{ mm}$$

显然,当误差对称于公称尺寸时,可取公称尺寸为均值 $\bar{x}$,取 $\dfrac{\Delta x}{3}$ 为标准差 S_x。若误差不对称于公称尺寸,可根据公称尺寸和误差先求出最大值 $x_{\max}$ 和最小值 $x_{\min}$,然后将均值和标准差分别取为

$$\bar{x} = \frac{x_{\max} + x_{\min}}{2} \tag{5.2}$$

$$S_x = \frac{x_{\max} - x_{\min}}{6} \tag{5.3}$$

例 5.2 已知钢制拉杆的工作应力 $x_1 = \sigma \sim N(400, 25^2)$ MPa,屈服强度 $x_S = \sigma \sim N(500, 50^2)$ MPa,求不发生屈服失效的概率(可靠度)。

解 根据正态偏量计算公式

$$z_R = \frac{\bar{x}_S - \bar{x}_1}{(S_{x_1}^2 + S_{x_S}^2)^{\frac{1}{2}}} = \frac{500 - 400}{(25^2 + 50^2)^{\frac{1}{2}}} = 1.789$$

查正态分布表可得

$$R = \Phi(z_R) = \Phi(1.789) = 0.963\ 18$$

例 5.3 受拉零件的静强度可靠性设计

要求设计可靠度为 0.999 9 的圆截面抗拉杆,该杆承受的载荷为一正态随机变量 $P \sim N(\mu_P, \sigma_P^2)$,其中 $\mu_P = 28\ 000$ N,$\sigma_P = 4\ 200$ N。材料强度也服从正态分布 $\delta \sim N(\mu_\delta, \sigma_\delta^2)$,其中 $\mu_\delta = 438$ N/mm²,$\sigma_\delta = 13$ N/mm²。试确定其直径 d。

解 根据材料力学可知拉杆应力表达式为

$$s = \frac{P}{A} = \frac{4P}{\pi d^2}$$

根据矩法求随机变量函数分布参数的公式,即

$$E(y) \approx f(\mu_1, \mu_2, \cdots, \mu_n) + \frac{1}{2}\sum_{i=1}^{n} \left.\frac{\partial^2 f(x)}{\partial x_i^2}\right|_{x=\mu} \mathrm{var}(x_i)$$

$$\mathrm{var}(y) \approx \sum_{i=1}^{n} \left\{ \left.\frac{\partial f(x)}{\partial x_i}\right|_{x=\mu} \right\}^2 \mathrm{var}(x_i)$$

可以算出

$$\mu_s = f(\mu_P, \mu_d) = \frac{4\mu_P}{\pi\mu_d^2}, \quad \sigma_s^2 = \left(\frac{4}{\pi\mu_d^2}\right)^2 \sigma_P^2 + \left(\frac{8\mu_P}{\pi\mu_d^3}\right)^2 \sigma_d^2$$

根据设计制造经验确定拉杆直径标准差与均值之比,取 $C_d = \sigma_d/\mu_d = 0.005$,则

$$\mu_s = \frac{35\ 650}{\mu_d^2}, \quad \sigma_s^2 = \frac{28\ 723\ 853}{\mu_d^4}$$

由可靠度指标($R = 0.999\ 9$)查表得出 $z_R = 3.72$,代入联结方程

$$z_R = \frac{\mu_\delta - \mu_s}{\sqrt{\sigma_\delta^2 + \sigma_s^2}}$$

得

$$\mu_d^4 - 149\mu_d^2 + 3\ 774 = 0$$

解得 $\mu_d^2 = 116.80$,即 $\mu_d = 10.81$(另一个解为 $\mu_d^2 = 32.32$,但代入联结方程验算后可知不符合实际,故被舍去)。

$$\sigma_d = 0.005 \times 10.81 = 0.054$$

根据 3σ 原则,得设计直径

$$d = \mu_d \pm 3\sigma_d = 10.81 \pm 0.162$$

例 5.4 松螺栓连接设计

螺栓不受预紧力,只受轴向的随机静载荷。假设拉应力 σ_1 沿螺栓横截面均匀分布,失效模式为断裂。

已知松螺栓连接的载荷为:$(\bar{F}, S_F) = (26\ 700, 900)$ N,螺栓材料为 40Cr,其强度为 $(\bar{\sigma}_b, S_{\sigma_b}) = (900, 72)$ MPa。在保用期内,10 000 个螺栓中容许的失效数最多为 13 个,设计此松螺栓连接。

解 (1) 由载荷引起的应力为

$$\sigma_1 = \frac{F}{A} = \frac{4F}{\pi d^2}$$

由于载荷分布已知,为求螺栓的应力分布,只需确定面积 A 的统计量。面积是设计参数——螺栓直径 d 的函数。根据计算分布参数的代数方法,可知螺栓横截面积 A 的均值为

$$\bar{A} = \frac{\pi \bar{d}^2}{4}$$

面积 A 的标准差为

$$S_A = \left[\left(\frac{\partial A}{\partial d}\right)^2 S_d^2\right]^{1/2} = \left[\left(\frac{\pi\bar{d}}{2}\right)^2 S_d^2\right]^{1/2} = \frac{\pi\bar{d}}{2}\cdot S_d$$

于是,预测的应力分布参数为

$$(\bar{\sigma}_1, S_{\sigma_1}) = \frac{(\bar{F}, S_F)}{(\bar{A}, S_A)} = \frac{(26\,700, 900)}{\left(\frac{\pi\bar{d}^2}{4}, \frac{\pi\bar{d}}{4}S_d\right)}$$

式中,由于 $\bar{d}$ 和 S_d 为未知量,所以 $\bar{\sigma}_1$ 和 S_{σ_1} 也为未知量。因此,需要首先确定 $\bar{d}$ 与 S_d 之间的关系。通常最方便的方法是根据制造精度假设 $\bar{d}$ 与 S_d 的关系,本例取 $S_d \approx 0.001\bar{d}$。

由此可得

$$\bar{\sigma}_1 = \frac{4\bar{F}}{\pi\bar{d}^2} = \frac{4\times 26\,700}{\pi\bar{d}^2} = \frac{34\,013}{\bar{d}^2}$$

$$S_{\sigma_1}^2 = \frac{\bar{F}^2 S_A^2 + \bar{A}^2 S_F^2}{\bar{A}^4} \approx \frac{1\,314\,455}{\bar{d}^4}$$

$$S_{\sigma_1} = \frac{1\,147}{\bar{d}^2}$$

于是,应力的统计量为 $(\bar{\sigma}_1, S_{\sigma_1}) = \left(\frac{34\,013}{\bar{d}^2}, \frac{1\,147}{\bar{d}^2}\right)$ MPa

(2) 静强度的统计量为 $(\bar{\sigma}_b, S_{\sigma_b}) = (900, 72)$ MPa

(3) 由联结方程确定螺栓尺寸

松螺栓连接所需的可靠度为

$$R(t) = 1 - \frac{13}{10\,000} = 0.998\,7$$

由标准正态分布表可知 $z = -3.00$,将有关数据代入联结方程,得

$$-3.00 = \frac{900 - \frac{34\,013}{\bar{d}^2}}{\left[72^2 + \left(\frac{1\,147}{\bar{d}^2}\right)^2\right]^{1/2}}$$

化简,得

$$\bar{d}^4 - 80.204\,207\bar{d}^2 + 1\,499.90 = 0$$

解上式,得

$$\bar{d} = 5.45 \text{ mm}$$

此值应为螺栓的抗拉危险截面上的直径 d_0,故取螺栓直径为

$$\bar{d} = 8 \text{ mm},\quad \bar{d}_1 = 6.627 \text{ mm}$$

5.2 疲劳可靠性设计

5.2.1 疲劳的基本概念

零件在交变载荷作用下会发生疲劳失效。疲劳失效过程包括裂纹形成、裂纹亚稳态扩

展和最终瞬间断裂三个阶段。疲劳设计的安全准则可分为:

(1) 无限寿命设计。要求设计应力低于疲劳极限,这是最早的疲劳安全设计准则。

(2) 安全寿命设计(有限寿命设计)。要求零部件或结构在规定的使用期限内不能产生任何疲劳裂纹。

(3) 破损安全设计。要求裂纹被检出之前,不会导致整个结构破坏。这要求裂纹及时检出,并发展速度较慢。

(4) 损伤容限设计。首先假设结构中存在初始裂纹,应用断裂力学的方法计算裂纹的扩展。这种方法适用于裂纹扩展速率较慢,且韧性好的材料。

5.2.2 疲劳曲线

1. 交变应力

描述交变应力(图 5.2)要用应力幅度 s_a、应力均值 s_m 和循环载荷特征 r 等参数。其关系式为

$$r = \frac{s_m - s_a}{s_m + s_a} \tag{5.4}$$

式中 s_a—— 循环应力的应力幅;

s_m—— 循环应力的平均应力。

$r = 1$ 时,为恒定静载荷;$r = 0$ 时,为脉动载荷;$r = -1$ 时,为对称循环载荷。

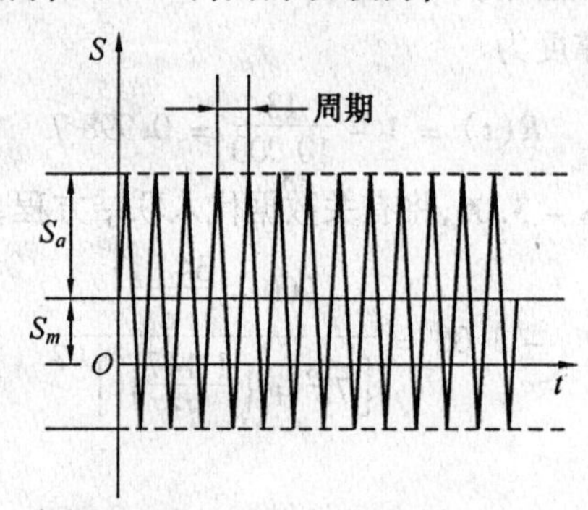

图 5.2 交变应力类型

2. $S-N$ 曲线和 $P-S-N$ 曲线

$S-N$(S 表示疲劳强度,N 表示疲劳寿命)曲线表征材料的疲劳强度与疲劳寿命的关系,如图 5.3 所示,它是在恒幅循环载荷情况下实验得到的。材料可承受无限次应力循环而不发生疲劳破坏所对应的最高应力称“持久疲劳极限”,常用 S_r 表示。通常讲的材料持久疲劳极限指 $r = -1$ 时的应力幅或最大应力($r = -1$ 时应力幅与最大应力相等)。

通常的 $S-N$ 曲线是指存活率为 50% 的中值寿命曲线。与 $S-N$ 曲线相比,$P-S-N$ 曲线(图 5.4)给出了对应寿命下的疲劳强度的分散特性和对应疲劳强度下的疲劳寿命分散特性。

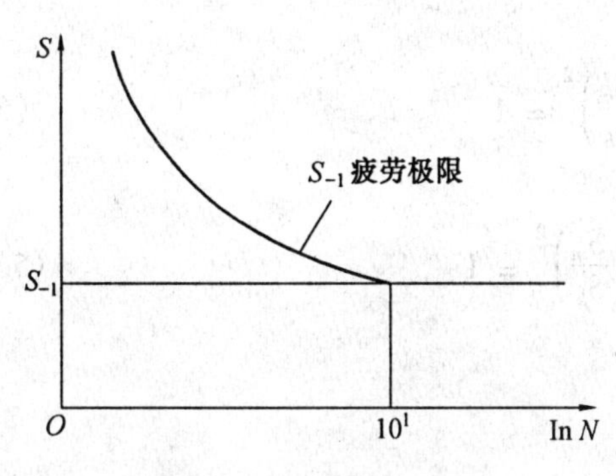

图 5.3 $S-N$ 曲线

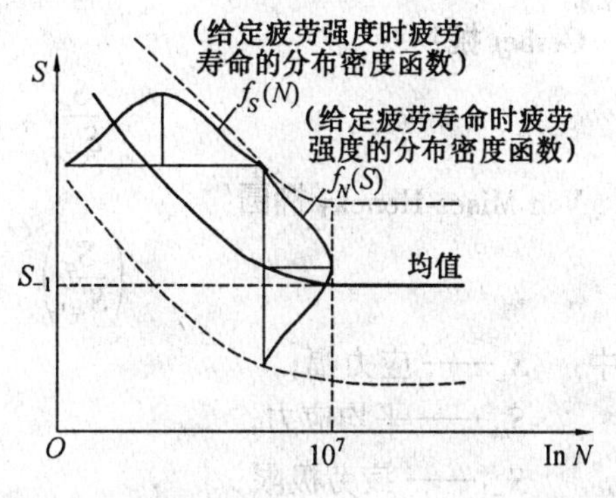

图 5.4 $P-S-N$ 曲线

3.疲劳强度的分散特性

在常规疲劳强度计算中,结构件的疲劳强度的计算可通过材料标准试件的疲劳强度 S_r 和各种修正系数得到。为了简化计算,可视各种影响因素相互独立,即

$$S'_r = \frac{S_r}{k_f} \cdot \varepsilon \cdot \beta_1 \cdot \beta_2 \tag{5.5}$$

式中 S_r—— 标准试件的疲劳强度;

ε—— 尺寸系数;

β_1—— 表面加工系数;

β_2—— 表面强化系数;

k_f—— 有效应力集中系数。

零件疲劳强度的均值和方差分别为

$$\bar{S}'_r \approx \frac{\bar{S}_r}{\bar{k}_f} \cdot \bar{\varepsilon} \cdot \bar{\beta}_1 \cdot \bar{\beta}_2 \tag{5.6}$$

$$\sigma^2_{S'_r} = \left(\frac{\bar{S}'_r}{\bar{k}_f} \cdot \bar{\beta}_1 \cdot \bar{\beta}_2 \cdot \sigma_\varepsilon\right)^2 + \left(\frac{\bar{S}'_r}{\bar{k}_f} \cdot \bar{\varepsilon} \cdot \bar{\beta}_2 \cdot \sigma_{\beta_1}\right)^2 + \left(\frac{\bar{S}'_r}{\bar{k}_f} \cdot \bar{\varepsilon} \cdot \bar{\beta}_1 \cdot \sigma_{\beta_2}\right) + \left(-\frac{\bar{S}'_r}{\bar{k}_f^2} \cdot \bar{\varepsilon} \cdot \bar{\beta}_1 \cdot \bar{\beta}_2 \cdot \sigma_{k_f}\right) + \cdots \tag{5.7}$$

式中 σ_ε—— 尺寸系统 ε 的标准差;

σ_{β_1}—— 表面加工系数 β_1 的标准差;

σ_{β_2}—— 表面强化系数 β_2 的标准差;

σ_{k_f}—— 有效应力集中系数 k_f 的标准差。

4.等寿命图

在循环变应力下的疲劳强度设计中,给定寿命下的疲劳强度常以等寿命图(疲劳极限图)表示,等寿命曲线需要通过大量的不同载荷循环特征 r 下的疲劳试验获得。当没有相应材料的等寿命曲线时,需要借助于各种简化的等寿命曲线。常用的简化等寿命曲线图(图 5.5)有

Goodman 直线

$$\frac{S_a}{S_{-1}} + \frac{S_m}{s_b} = 1 \tag{5.8}$$

Gerber 抛物线

$$\frac{S_a}{S_{-1}} + \left(\frac{S_m}{S_b}\right)^2 = 1 \tag{5.9}$$

Von Mises-Hencky 椭圆

$$\left(\frac{S_a}{S_{-1}}\right)^2 + \left(\frac{S_m}{S_b}\right)^2 = 1 \tag{5.10}$$

式中 S_a—— 应力幅；

S_m—— 平均应力；

S_{-1}—— 疲劳极限；

S_b—— 强度极限。

Von Mises-Hencky 椭圆与实验数据最接近，但 Goodman 直线较简单，且偏于安全。

疲劳可靠性设计要考虑设计参数的随机性，所以其等寿命图是一个分布带，而不是一条曲线，一维疲劳应力 - 强度干涉模型如图 5.6 所示。

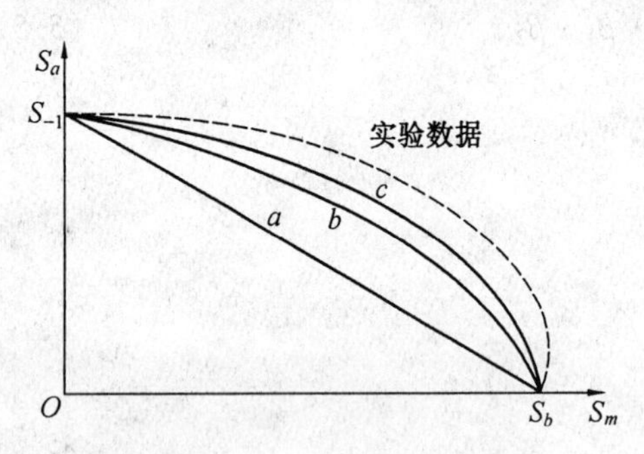

图 5.5 几种等寿命曲线的比较

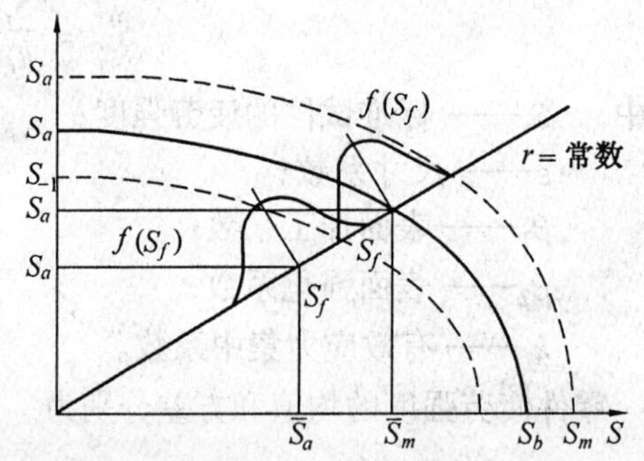

图 5.6 一维疲劳应力 - 强度干涉模型

5.2.3 恒幅循环变应力下规定寿命的疲劳强度可靠性设计

疲劳可靠性设计的理论基础是应力 - 强度干涉理论。恒幅循环变应力下的疲劳可靠性设计比较简单，是其他载荷情况下疲劳可靠性分析的基础。根据一定的准则，可以把其他载荷情况向恒幅循环变应力转换。

如果仅考虑应力幅 s_a 与平均应力 s_m 的分散特性，载荷循环特征值 r 为常数时，在疲劳极限图的等 r 线上，可以给出复合疲劳应力 s_f 的分布 $f(s_f)$ 和相应的复合疲劳强度 S_f 的分布 $f(S_f)$，构成了一维应力 - 强度干涉模型。此时，疲劳可靠性的计算与前面所述的一维应力 - 强度干涉模型相同。

从图 5.6 中可看出，在恒定 r 值下的复合疲劳强度

$$S_f = (S_a^2 + S_m^2)^{\frac{1}{2}} \tag{5.11}$$

其均值

$$\bar{S}_f = (\bar{S}_a^2 + \bar{S}_m^2)^{\frac{1}{2}} \tag{5.12}$$

标准差

$$\sigma_{S_f} = \left[\frac{\bar{S}_a^2 \sigma_{S_a}^2 + \bar{S}_m^2 \sigma_{S_m}^2}{\bar{S}_a^2 + \bar{S}_m^2} \right]^{\frac{1}{2}} \tag{5.13}$$

复合疲劳应力

$$s_f = (s_a^2 + s_m^2)^{\frac{1}{2}} \tag{5.14}$$

其均值

$$\bar{s}_f = (\bar{s}_a^2 + \bar{s}_m^2)^{\frac{1}{2}} \tag{5.15}$$

标准差

$$\sigma_{s_f} = \left[\frac{\bar{s}_a^2 \sigma_{s_a}^2 + \bar{s}_m^2 \sigma_{s_m}^2}{\bar{s}_a^2 + \bar{s}_m^2} \right]^{\frac{1}{2}} \tag{5.16}$$

可靠性系数

$$\beta = \frac{\bar{S}_f - \bar{s}_f}{(\sigma_{S_f}^2 + \sigma_{s_f}^2)^{\frac{1}{2}}} \tag{5.17}$$

可靠度

$$R = \Phi\left[\frac{\bar{S}_f - \bar{s}_f}{(\sigma_{S_f}^2 + \sigma_{s_f}^2)^{\frac{1}{2}}} \right] \tag{5.18}$$

例 5.5 图 5.7 所示为某航空发动机转子内轴,该轴承受交变弯矩和不变扭矩,受力情况如图所示。现假设循环特征值为确定值,其疲劳强度可靠性设计方法及步骤如下:

(1) 提出设计问题,给出任务要求

该轴的受力情况及结构尺寸如图 5.7 所示。转轴材料为 40CrNiMoA 钢调质处理。转子作用于轴的载荷为 F_1,扭矩为 M_r,转子的质量为 G。轴的一端为花键连接。考虑可能对中不准而引起径向力为 F_2。轴的环境温度为常温(21 ~ 26℃),转速为 n,要求寿命为 $N_L = 10 \times 10^6$ 时的可靠度为 R^*,任务为设计转轴直径 d 使其满足可靠度 R^*。

(2) 确定失效判据

该轴在交变应力作用下工作,其失效模式为疲劳断裂。应力分析表明,$A—A$ 剖面为危险部位,因此,应根据该处的应力水平进行疲劳强度可靠性设计。

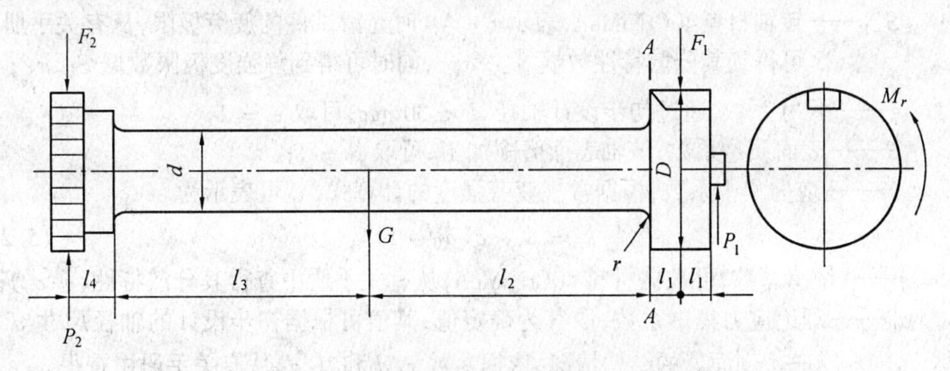

图 5.7 某航空发动机转子内轴结构示意图

根据疲劳情况下的变形能强度理论,该转轴危险部位的弯扭复合应力为

$$s_f = \sqrt{s_a^2 + 3\tau^2} \tag{5.19}$$

式中 s_a——$A—A$ 剖面处对称循环的弯曲应力;

τ——$A—A$ 剖面处的扭转应力。

失效判据为

$$s_f \geqslant S_f \tag{5.20}$$

其中,S_f——$A—A$ 剖面处轴的复合疲劳强度。

(3) 确定复合疲劳应力分散特性

由于该转轴承受交变弯矩和不变扭矩,根据常规疲劳强度的计算式,列出应力方程为

$$s_a = M/W, \quad s_m = \sqrt{3}\tau = \sqrt{3}M_T/W_p \tag{5.21}$$

其中,M_T——$A—A$ 剖面处的弯曲力矩。

$$M_T = P_1 \cdot 2l_1 - F_1 l_1 \tag{5.22}$$

其中,P_1 为作用在轴支点处的支反力,根据静力平衡条件可求得

$$P_1 = \frac{F_1(l_1 + l_2 + l_3 + l_4) + G(l_3 + l_4)}{(2l_1 + l_2 + l_3 + l_4)} \tag{5.23}$$

式中 W, W_p——$A—A$ 剖面的截面系数。

弯曲情况为

$$W = \frac{\pi d^3}{32} \tag{5.24}$$

扭转情况为

$$W_p = \frac{\pi d^3}{16} \tag{5.25}$$

上述方程中的 $M_T, F_1, G, l_1, l_2, l_3, l_4$ 为已知参数,它们的均值和标准差都已知。根据概率运算方法可求得平均应力 s_m 和应力幅 s_a 的分布特性数据 $\bar{s}_a(\bar{d}), \sigma_{s_a}(\bar{d}), \bar{s}_m(\bar{d}), \sigma_{s_m}(\bar{d})$,它们都是未知量 d 的函数。

(4) 确定复合疲劳强度分散特性

结构件在危险部位的疲劳极限为

$$S'_{-1} = S_{-1}\varepsilon\beta/k_f \tag{5.26}$$

式中 S_{-1}——转轴材料40CrNiMoA,表示 $r = -1$ 时光滑试件的疲劳极限,从有关手册中可得到其分散特性数据 $\bar{S}_{-1}, \sigma_{S_{-1}}$,同时可得到静强度极限数据 $\bar{S}_b, \sigma_{S_b}$;

ε——尺寸系数,通过初步设计轴径 $d < 30$ mm,可取 $\varepsilon = 1$;

β——表面质量系数,该轴表面磨削加工,可取 $\beta = 1$;

k_f——应力集中系数,根据常规疲劳强度的计算式,k_f 可表示为

$$k_f = 1 + q(a_0 - 1) \tag{5.27}$$

q——敏感系数,可根据材料40CrNiMoA,从有关手册中查得其分散特性$(\bar{q}, \sigma_q)$;

a_0——理论应力集中系数,取其为确定值,其值可根据初步设计的轴径尺寸 d 和 $A—A$ 剖面处的结构情况,依据参数 r/d 和 D/d,从有关手册中查得。

应力集中的分散特性可由下式算得

均值

$$\bar{k}_f = 1 + \bar{q}(a_0 - 1) \tag{5.28}$$

标准差

$$\sigma_{k_f} = \sigma_q(a_0 - 1) \tag{5.29}$$

最后得到结构件复合疲劳强度分散特性：

均值

$$\bar{S}'_{-1} = \bar{S}_{-1}/\bar{k}_f \tag{5.30}$$

标准差

$$\sigma_{S'_{-1}} = \frac{1}{\bar{k}_f}(\bar{S}^2_{-1}\sigma^2_{k_f} + \bar{f}^2_f\sigma^2_{S_{-1}})^{\frac{1}{2}} \tag{5.31}$$

在给定载荷情况下，结构件的复合疲劳强度可根据疲劳极限图求得。在此采用Goodman直线方程并假设

$$\frac{S_a}{S'_{-1}} + \frac{S_m}{S_b} = 1$$

由于假设载荷循环特征 r 为确定值，平均应力可表示为

$$S_m = \frac{1 + r}{1 - r}S_a = k_r S_a \tag{5.32}$$

其中，k_r 为确定常数，将此关系代入Goodman直线方程，可得疲劳强度应力幅

$$S_a = \frac{S'_{-1} \cdot S_b}{k_r S'_{-1} + S_b} \tag{5.33}$$

式中的 S'_{-1}, S_b 为随机变量，已知其分布特性 $(\bar{S}'_{-1}, \sigma_{S_{-1}})$，$(\bar{S}_b, \sigma_{S_b})$，于是可求得 S_a 的分散特性：

均值

$$\bar{S}_a = \frac{\bar{S}'_{-1}\bar{S}_b}{k_r\bar{S}'_{-1} + \bar{S}_b} \tag{5.34}$$

标准差

$$\sigma_{S_a} = \frac{1}{(k_r\bar{S}'_{-1} + S_b)^2}(\bar{S}^4_b\sigma^2_{S_{-1}} + k^2_r\bar{S}'^4_{-1}\sigma^2_{S_b})^{\frac{1}{2}} \tag{5.35}$$

根据 $S_m = k_r S_a$ 的关系，可求得 S_m 的分散特性 $(\bar{S}_m, \sigma_{S_m})$。

在该载荷情况下的复合疲劳强度

$$S_f = (S^2_a + S^2_m)^{\frac{1}{2}} \tag{5.36}$$

由此求出其分散特性：

均值

$$\bar{S}_f = (\bar{S}^2_a + \bar{S}^2_m)^{\frac{1}{2}} \tag{5.37}$$

标准差

$$\sigma_{S_f} = \left[\frac{\bar{S}^2_a\sigma^2_{S_a} + \bar{S}^2_m\sigma^2_{S_m}}{\bar{S}^2_a + \bar{S}^2_m}\right]^{\frac{1}{2}} \tag{5.38}$$

(5) 应用干涉理论的可靠性系数把可靠度设计到结构尺寸中

当假设应力和强度均为正态分布时，可根据 R^* 从标准正态分布表中得到相应的可靠性指标 β^*，将其代入联结方程，有

$$\beta^* = \frac{\overline{S}_f - s_f(\overline{d})}{(\sigma_{S_f}^2 + \sigma_{s_f}(\overline{d})^2)^{\frac{1}{2}}} \tag{5.39}$$

上式只有一个未知数 $\overline{d}$，由此可求出转轴直径 d 的均值 $\overline{d}$。根据轴承加工精度要求确定的变异系数 c_d 可进一步确定轴径 d 的公差，即

$$\Delta d = 3\sigma_d = 3c_d\overline{d} \tag{5.40}$$

若应力和强度服从非正态分布，不能通过联结方程将设计尺寸写成显式求解，此时可给出轴径 d 的初步设计值，然后根据二阶矩法计算可靠度 R。若不满足 $R > R^*$ 的要求，则需调整参数并反复计算，直到满足条件为止。

5.3 断裂可靠性分析设计

5.3.1 基本概念

传统的强度计算把材料视为理想的无缺陷的均匀连续体，在此假设条件下进行零部件强度分析计算。但由于锻、铸、焊、机械加工和热处理等冶金工艺和疲劳、蠕变、应力腐蚀等原因，使金属材料不可避免地存在裂纹，裂纹的扩展最终导致零部件断裂。

大量试验表明，由于裂纹扩展导致断裂时的应力大大低于材料的静强度极限、屈服极限和疲劳极限，这种现象称为低应力脆断。针对这种现象产生和发展了带裂纹（缺陷）的零部件断裂强度学科 —— 断裂力学。

根据裂纹体所受的外力是静载荷或动载荷，可将断裂力学划分为静强度断裂力学和疲劳断裂力学。以下仅涉及静强度断裂力学的有关内容。

(1) 断裂失效的类型

裂纹在外载荷作用下有以下 3 种不同的断裂类型：

①Ⅰ 型断裂：裂纹在垂直于裂纹平面的拉应力作用下扩展，又称为张开型断裂。

②Ⅱ 型断裂：裂纹在平行于裂纹平面、垂直于裂纹前缘的剪应力作用下扩展，又称为剪开型断裂。

③Ⅲ 型断裂：裂纹在平行于裂纹平面又平行于裂纹前缘的剪应力作用下扩展，又称为撕开型断裂。

在以上 3 种断裂形式中，Ⅰ 型断裂是最基本、最常见的类型，以下主要介绍 Ⅰ 型断裂的可靠性设计方法。

(2) 应力强度因子和断裂韧性

在外力作用下，裂纹端部应力出现奇异性，端部应力趋向无穷大。为衡量裂纹尖端应力场的强度，提出了应力强度因子概念。Ⅰ 型裂纹的应力强度因子用 K_{I} 表示。裂纹强度因子与裂纹的形状、尺寸、位置和承载情况有关。

结构是否发生断裂破坏的判定依据是裂纹端部的应力强度因子是否达到临界值 $K_{\mathrm{I}c}$。$K_{\mathrm{I}c}$ 是 Ⅰ 型裂纹的应力强度因子门槛值,又称为断裂韧性。断裂韧性与裂纹体的材料、几何形状及尺寸有关,像静强度的 σ_b 代表静强度应力极限一样,它代表裂纹体抵抗静态裂纹失稳扩展的能力。应力强度因子的单位是 MPa · m$^{1/2}$ 或 MN/m$^{2/3}$。

(3) 断裂力学计算方法

对于 Ⅰ 型断裂,失效判据为

$$K_{\mathrm{I}} \geqslant K_{\mathrm{I}c} \tag{5.41}$$

式(5.41) 成立时,裂纹体发生破坏。K_{I} 的一般表达式为

$$K_{\mathrm{I}} = \alpha(a)\sigma\sqrt{\pi a} \tag{5.42}$$

式中 a—— 裂纹半长;

σ—— 垂直裂纹面的应力;

$\alpha(a)$—— 修正系数,决定于裂纹几何形状,具体计算可参见应力强度因子手册,一般取 $\alpha(a) = 1$。

5.3.2 断裂可靠性设计

根据应力 - 强度干涉理论,把应力强度因子和断裂韧性视为随机变量,相应静强度断裂可靠度计算式为

$$R = P(K_{\mathrm{I}c} > K_{\mathrm{I}}) \quad 或 \quad R = P(a_c > a) \quad 或 \quad R = P(\sigma_c > \sigma) \tag{5.43}$$

式中 a_c—— 裂纹临界尺寸,当 $a > a_c$ 时发生脆性断裂;

σ_c—— 裂纹体的临界应力,当 $\sigma > \sigma_c$ 时发生脆性断裂。

由于假定 $K_{\mathrm{I}c}$、a_c、σ_c 均近似符合正态分布,对应的可靠度计算公式为

$$\beta = \frac{\bar{K}_{\mathrm{I}c} - \bar{K}_{\mathrm{I}}}{\sqrt{\sigma_{K_{\mathrm{I}c}}^2 + \sigma_{K_{\mathrm{I}}}^2}} \quad 或 \quad \beta = \frac{\bar{a}_c - \bar{a}}{\sqrt{\sigma_{a_c}^2 + \sigma_a^2}} \quad 或 \quad \beta = \frac{\bar{\sigma}_c - \bar{\sigma}}{\sqrt{\sigma_{\sigma_c}^2 + \sigma_\sigma^2}} \tag{5.44}$$

式中 $\bar{K}_{\mathrm{I}c}$、$\bar{K}_{\mathrm{I}}$、$\bar{a}_c$、$\bar{a}$、$\bar{\sigma}_c$,$\bar{\sigma}$ 和 $\sigma_{K_{\mathrm{I}c}}$、$\sigma_{K_{\mathrm{I}}}$、σ_{a_c}、σ_a、σ_{σ_c}、σ_σ 分别为 $K_{\mathrm{I}c}$、K_{I}、a_c、a、σ_c、σ 的总体均值与标准偏差;β 为可靠性系数,算出 β 后,由正态分布数值表查得可靠度。

例 5.6 长钣承受拉力静载荷,拉力 Q = (882 000 ± 88 200)N,钣宽 W = (150 ± 3) mm,钣厚 B = (5 ± 0.15) mm,钣边有透裂纹,尺寸为 a = (0.5 ± 1) mm,材料为 40SiMnCrMoV,强度极限 S_b = 19 110 MPa,屈服强度 S_s = 1 656.2 MPa,$K_{\mathrm{I}c}$ = 78.72 MN/m$^{3/2}$,变异系数 $V_{K_{\mathrm{I}c}}$。求钣不断裂的可靠度。

解 这里假定应力强度因子、断裂韧性、裂纹尺寸等都服从正态分布,用应力强度因子、断裂韧性计算可靠度。

工作应力

$$s = \frac{Q}{(W - a)B}$$

应力均值

$$\bar{s} = \frac{\bar{Q}}{(\bar{W} - \bar{a})\bar{B}} = \frac{882\,000}{(150 - 0.5) \times 5} = 1\,179.93 \text{ N/mm}^2$$

标准差

$$\sigma_s = \left[\left(\frac{\partial s}{\partial Q}\right)^2\sigma_Q^2 + \left(\frac{\partial s}{\partial W}\right)^2\sigma_W^2 + \left(\frac{\partial s}{\partial a}\right)^2\sigma_a^2 + \left(\frac{\partial s}{\partial B}\right)^2\sigma_B^2\right]^{\frac{1}{2}} = 39.3\ \mathrm{N/mm^2}$$

假设应力强度因子和断裂韧性均服从正态分布,应力强度因子 $K_{\mathrm{I}} = \alpha s\sqrt{\pi a}$,此处 α 取值 1.257,将各量值代入,求得

$$\bar{K}_{\mathrm{I}} = \alpha\bar{s}\sqrt{\pi\bar{a}} = 1.257 \times 1\,179.93\sqrt{\pi \times 0.5} = 1\,858.86\ \mathrm{N/mm^{3/2}} = 58.79\ \mathrm{MN/m^{3/2}}$$

$$\sigma_{K_{\mathrm{I}}} = \left[\left(\frac{\partial K_{\mathrm{I}}}{\partial s}\right)^2\sigma_s^2 + \left(\frac{\partial K_{\mathrm{I}}}{\partial a}\right)^2\sigma_a^2\right]^{\frac{1}{2}} = \left[(\alpha\sqrt{\pi\bar{a}})^2\sigma_s^2 + \left(\frac{\alpha\bar{s}\sqrt{\pi}}{2\sqrt{a}}\right)^2\sigma_a^2\right]^{\frac{1}{2}} = 2.76\ \mathrm{MN/m^{3/2}}$$

断裂韧性的均值和标准差为

$$\bar{K}_{\mathrm{Ic}} = 78.72\ \mathrm{MN/m^{3/2}}, \quad \sigma_{K_{\mathrm{Ic}}} = \bar{K}_{\mathrm{Ic}}V_{K_{\mathrm{Ic}}} = 78.72 \times 0.1 = 7.872\ \mathrm{MN/m^{3/2}}$$

所以

$$\beta = \frac{78.72 - 58.79}{\sqrt{7.872^2 + 2.76^2}} \approx 2.39, \quad \text{由附表 1 得 } R = \Phi(2.39) = 0.991\,58$$

5.4 磨损和腐蚀的可靠度计算

磨损和腐蚀是机械产品的主要失效模式之一。在机械产品中,磨损和腐蚀造成的失效占很大比例。磨损和腐蚀的概率计算是在常规磨损和腐蚀计算的基础上,考虑参数的分散特性进行的,其可靠度计算的基本原理同样是干涉理论。

5.4.1 磨损的基本概念

1.磨损和磨损量

在组成摩擦副的两个对偶件之间,由于接触和相对运动而造成其表面材料不断损失的过程称为磨损。例如机械轴承、传动机构的磨损。由磨损所造成的摩擦副表面材料质量的损失量,称为磨损量。用符号 W 表示,单位 μm。

2.磨损量与时间的关系

磨损量是时间的函数。磨损量随时间的变化率称为磨损速度 $u(u = W/t)$,单位 μm/s。

虽然影响磨损的因素很多,但大量的实验结果表明,磨损量和磨损速度随时间变化具有如图 5.8 所示的规律。由图可见,磨损过程可分为磨合期、稳定磨损期和剧烈磨损期。为使摩擦副正常工作,必须保证使其通过磨合期而保持在稳定磨损期。

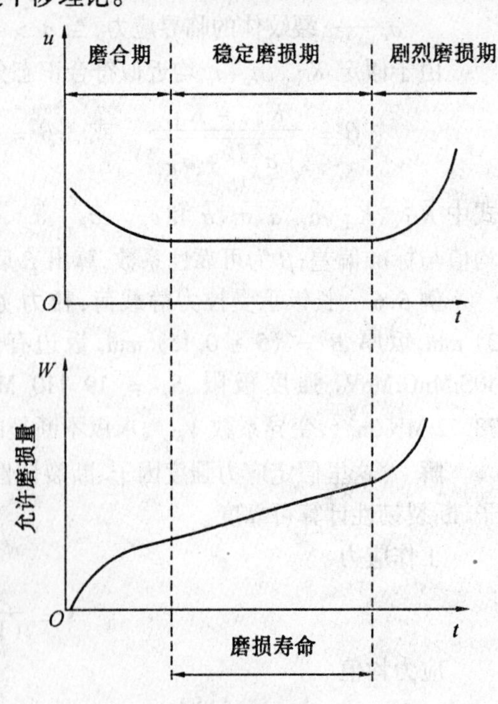

图 5.8 磨损曲线

由于稳定磨损期内磨损速度恒定，所以有

$$W = ut$$

式中 W—— 磨损量，是沿摩擦表面垂直方向测量的表面尺寸的减少量；

u—— 磨损速度，$u = \mathrm{d}W/\mathrm{d}t$；

t—— 进入稳定磨损期的磨损时间，单位 s。

稳定磨损期的磨损速度与载荷、摩擦表面正压力 P、摩擦表面相对滑动速度 v 及摩擦表面材料特性和加工处理润滑情况有关。其关系式表示为

$$u = kP^a v^b \tag{5.45}$$

式中 a—— 载荷因子(摩擦表面正压力)，$a = 0.5 \sim 3$，一般情况下可取 1；

b—— 速度因子，受相对运动速度的影响；

k—— 摩擦副特性与工作条件影响系数，当摩擦副与工作条件给定时，k 为定值。

3. 磨损速度和磨损量的分散特性

当将摩擦副载荷 P 与相对运动速度 u 看成相互独立的随机变量时，磨损速度 u 的分布特性参数为

$$\left.\begin{aligned} \mu_u &= k\mu_P^a\mu_v^b \\ \sigma_u &= \mu_u\sqrt{\left(\frac{a}{\mu_P}\right)^2\sigma_P^2 + \left(\frac{b}{\mu_v}\right)^2\sigma_v^2} \end{aligned}\right\} \tag{5.46}$$

式中 μ_P、μ_v、μ_u—— 摩擦副摩擦表面正压力 P、相对滑动速度 v 及磨损速度 u 的均值；

σ_P、σ_v、σ_u—— 摩擦副摩擦表面正压力 P、相对滑动速度 v 及磨损速度 u 的标准差。

当给定摩擦副工作寿命 t，且 μ_u 和 σ_u 为已知时，稳定磨损量的均值和标准差可由式(5.47) 计算，即

$$\left.\begin{aligned} \mu_W &= \mu_u t \\ \sigma_W &= \sigma_u t \end{aligned}\right\} \tag{5.47}$$

其中，μ_W、σ_W 分别为稳定磨损期磨损量的均值与标准差。

若考虑磨合阶段磨损量的分布，则总磨损量 W_Σ 的分布参数为

$$\left.\begin{aligned} \mu_{W_\Sigma} &= \mu_{W_1} + \mu_W \\ \sigma_{W_\Sigma} &= \sqrt{\sigma_{W_1}^2 + \sigma_W^2} \end{aligned}\right\} \tag{5.48}$$

式中 μ_{W_1}，σ_{W_1}—— 磨合阶段初始磨损量的均值与标准差；

μ_{W_Σ}，σ_{W_Σ}—— 总磨损量的均值与标准差。

5.4.2 给定寿命下的耐磨可靠度计算

1. 耐磨可靠度定义

耐磨可靠度是指在给定的工作时间 t 内，摩擦副的表面磨损总量 W_Σ 小于等于其最大磨损量 $W_{\Sigma_{\max}}$ 的概率，即

$$R = P(W_{\Sigma}(t) \leqslant W_{\Sigma_{max}}) \tag{5.49}$$

式中 $W_{\Sigma}(t)$—— 工作时刻 t 时摩擦副磨损表面的磨损总量；

$W_{\Sigma_{max}}$—— 摩擦副摩擦表面允许的最大磨损量；

R—— 摩擦副在给定寿命 t 下的耐磨可靠度。

2. 耐磨可靠度的计算方法

由于总磨损量 $W_{\Sigma}(t)$ 可看成正态随机变量，故耐磨可靠度的计算式为

$$R = P(W_{\Sigma}(t) \leqslant W_{\Sigma_{max}}) = \Phi\left[\frac{W_{\Sigma_{max}} - \mu_{W_{\Sigma}}(t)}{\sigma_{W_{\Sigma}}(t)}\right] = \Phi\left[\frac{W_{\Sigma_{max}} - (\mu_{W_1} + \mu_u t)}{\sqrt{\sigma_{W_1}^2 + \sigma_u^2 t^2}}\right] \tag{5.50}$$

式中 μ_{W_1}, σ_{W_1}—— 磨合期初始磨损量的均值和标准差；

μ_u, σ_u—— 稳定磨损期磨损速度的均值和标准差；

$W_{\Sigma_{max}}$—— 最大允许磨损量；

t—— 给定工作时间。

5.4.3 给定耐磨可靠度时可靠寿命的计算

给定耐磨可靠度时可靠寿命的计算问题可根据联结方程解决。由联结方程得

$$\beta = \frac{W_{\Sigma_{max}} - (\mu_{W_1} + \mu_u t)}{\sqrt{\sigma_{W_1}^2 + \sigma_u^2 t^2}} \tag{5.51}$$

式中唯一的未知数为工作时间 t，方程符合工程意义的解就是可靠寿命的值。

例 5.7 已知某零件的磨损速度 u 为 $N(0.02, 0.002\ 77)$ μm/h，最大允许磨损量 $W_{\Sigma_{max}} = 16$ μm，初始磨损量 W_1 为 $N(6.0, 1.0)$ μm。求磨损寿命及可靠度分别为 0.9、0.99、0.999 时的磨损寿命。

解 计算结果如表 5.1 所示。

表 5.1 例 5.7 的计算结果

可靠度	可靠性系数	寿命 T/h
0.5	0	500
0.90	1.282	403
0.99	2.326	340
0.999	3.090	300

5.4.4 腐蚀的概率计算

在环境介质的作用下，金属材料和介质元素发生化学或电化学反应引起的损坏称为腐蚀。腐蚀虽然有很多形式，但总的可分为均匀腐蚀和局部腐蚀。以下内容仅涉及均匀腐蚀。

对于均匀腐蚀，腐蚀引起厚度均匀减小，直到不能保持材料的允许厚度为止的时刻，这就是腐蚀寿命。均匀腐蚀的概率计算与磨损概率的计算方法相同。

例5.8 某火箭发动机喷管裙部采用玻璃钢结构，其内壁防热层在高温燃气中以近似均匀的烧蚀速度炭化。最大烧蚀深度许用值为 $h_{max} = 6.5$ mm，烧蚀速度均值 $\mu_u = 0.045\,3$ mm/s，标准差 $\sigma_u = 0.004\,5$ mm/s。求(1)当喷管工作110 s时，其耐烧蚀的可靠度；(2)当规定可靠度为0.999 9时，求喷管的工作寿命。

解 (1) $$R(t = 110) = \Phi\left[\frac{h - (0 + \mu_u t)}{\sqrt{0 + \sigma_u^2 t^2}}\right] = \Phi(3.065) = 0.998\,9$$

(2) $$\Phi^{-1}(0.999\,9) = \frac{h_{max} - (0 + \mu_u t)}{\sqrt{0 + \sigma_u^2 t^2}}$$

解以上方程得喷管的工作寿命为

$$t = 104.8 \text{ s}$$

5.5 机构功能可靠性

机构可靠性与结构可靠性所涉及的内容有所不同。随着大型机械向高精密化、高自动化的方向发展，在机械可靠性的研究中，机构可靠性的研究越来越受到重视。通常结构可靠性主要是考虑机械结构的强度以及由于疲劳、磨损、断裂等引起的失效；而机构可靠性则是在满足强度和刚度的可靠性要求基础之上，考虑机构在动作过程中由于运动学原因而引起的故障。机构除需满足强度和刚度的可靠性要求以外，还需满足机械动作要求，或机械功能的可靠性要求。也就是说，对运动机构要进行运动学、动力学、精度学、摩擦磨损等多方面的综合研究，以确定这些因素对其可靠性的影响。

对机构可靠性的研究起步于20世纪80年代，至20世纪90年代初，欧美与俄罗斯已在其研究及应用方面取得了很大进展。例如，飞机起落架不能按要求完成其收放功能，卫星通信设备的可收放天线不能按要求完成其收放功能，军用及民用各种阀门的控制功能失效等这些性质恶劣的事件促使人们对机构的运动及系统可靠性进行更加深入的研究。

5.5.1 机构的基本概念

把构件通过运动副实现可动连接并能够实现预期运动功能、承受并传递动力功能的构件系统称为机构。机构的形式随构件和运动副的变化有多种多样，常见的有摇臂机构、连杆机构、齿轮机构、螺旋机构等。

实现预期运动和承受或传递动力是机构的两大基本功能，而可靠性正是针对产品功能而言的。因此，根据机构的两大基本功能可将机构可靠性问题划分为与承载能力相关的可靠性问题和与运动功能相关的可靠性问题。前者一般可归结为机械结构零部件的可靠性问题，后者属于机构功能可靠性问题，是本章论述的主要内容。

机构的运动功能可靠性是指机构在规定的使用条件下和使用时间内，精确、及时、协调地完成规定机械动作(运动)的能力，用概率表示就是机构运动可靠度。与一般可靠度定义略有差别的是强调了“精确”、“及时”、“协调”，即强调了机构动作在几何空间内运动的精确度，在时间域内的准确性以及构件间的协调性、同步性，同时，它强调的是机构动作循环周期内的精确性、及时性和协调性。它区别于"使用期"的时间条件。因此，机构动作要求其本质就是一种运动的功能要求。机构的运动功能包括：

(1) 完成一定的运动形式。例如飞机起落架收放机构执行收和放动作的功能。

(2) 在完成规定运动形式时，机构的运动参数保持在规定的范围内，包括机构运动位移、速度、加速度和时间等运动参数。例如，飞机起落架收放机构要求起落架在十秒钟内收起。

从机构可靠性定义可知，机构可靠性不仅取决于设计、制造，还取决于使用过程中工作对象、环境条件对机构的作用，从而引起其运动学、动力学特性参数的变化。故影响机构可靠性的因素主要为：

(1) 设计因素。设计因素主要包括机构的工作原理、动力源及驱动元件(电机、气液动马达等)的特性变化。如电源容量、电压波动、驱动元件转矩转速以及质量和转动惯量的随机特性等。

(2) 生产因素。生产因素主要包括加工精度，如机械加工、热处理以及各构件、零件制造的尺寸精度，形状位置精度及装配调整质量等。

(3) 环境因素。环境因素主要包括高(低)温、沙尘、腐蚀等。

(4) 使用因素。使用因素主要包括运动副的磨损、润滑条件的变化、动力源的恶化以及机构在载荷、环境应力作用下抗磨损、抗变形能力的变化等。

(5) 人为因素。人为因素主要包括机构得不到及时维护、更换等。

从以上机构可靠性定义及其影响因素的分析可以看出，进行机构可靠性研究需综合应用机构运动学、机构动力学、机构精度学、摩擦磨损理论及可靠性工程等多学科的理论。机构是由机械零件组成的系统，机构的可靠性要求规定了机构中各零件结构除满足强度和刚度的可靠性要求外还要满足机构动作与机构功能的可靠性要求。机构的可靠性也和其他产品的可靠性一样，是与其设计、制造、储存、使用、维修等各环节紧密相关的。因此，机构可靠性问题是一种综合性的系统工程问题。只有将机构可靠性分析作为系统工程，才能科学地构建起机构在整个产品周期(设计、制造、使用与维修)的可靠性计算与分析框架，才能正确估计机构的可靠性，从而影响其设计、制造等环节，最终达到提高机构可靠性、提高机构性能、降低成本的目的。现阶段机构可靠性研究还很不成熟，因此以下仅介绍机构功能分析和干涉理论相结合的机构功能可靠性的基本分析方法。

5.5.2 机构功能可靠性的基本分析方法

1.机构可靠度的计算方法

机构可靠性分析的主要任务是建立机构性能输出参数与影响机构性能输出参数变化的主要随机变量间函数或相关关系的数学模型。

根据机构运动学可靠性的定义，对于一个给定机构，它的位置误差表达式为

$$\Delta S = \sum_{i=1}^{n} \frac{\partial D}{\partial x_i} \Delta x_i \tag{5.52}$$

由此式可以看出，机构从动件的位置误差 ΔS 是各原始误差 Δx_i 引起的局部误差之

和，而$\frac{\partial D}{\partial x_i}$是各元件的原始误差传递到从动件时的传递系数，又称为误差传动比。

对于按同一设计图纸成批生产的机械，从可靠性观点看，各原始误差是在一定公差范围内的随机值，故机构的位置误差是随机变量的函数。根据式(5.52)，机构位置误差是相互独立的各原始误差的线性函数。由概率分布组合大数定律知，尽管各原始误差的分布规律不同，但它们综合作用的结果仍服从正态分布。求出机构位置误差的均值μ和方差σ^2后，根据机构运动精度可靠度定义，即机构运动输出误差落在最大允许误差范围内的概率为

$$R = P(\varepsilon'_m < \Delta S < \varepsilon''_m) \tag{5.53}$$

再由正态分布规律，可以得到可靠度计算公式，即

$$R = P(\varepsilon'_m < \Delta S < \varepsilon''_m) = P(\Delta S < \varepsilon''_m) - P(\Delta S < \varepsilon'_m) = \Phi\left(\frac{\varepsilon''_m - \mu}{\sigma}\right) - \Phi\left(\frac{\varepsilon'_m - \mu}{\sigma}\right) \tag{5.54}$$

上述可靠度计算都是在以下基本假设情况下进行的：

① 机构具有足够的刚度和配合精度，即各构件的弹性变形和配合间隙对输出构件位置的影响可以忽略不计。

② 各运动尺寸的加工误差为服从正态分布的随机变量。

③ 机构输出构件位置误差ΔS为服从正态分布的随机变量。

2. 机构可靠性指标

机构可靠性有多种可靠性指标。

(1) 可靠度R

设机构的输出参数为$Y(t)$，是随机变量，机构输出参数的允许值范围$[Y_{下}, Y_{上}]$，当$Y_{下} < Y(t) < Y_{上}$时，被认为机构工作可靠，则事件$[Y_{下} < Y(t) < Y_{上}]$发生的概率$P(Y_{下} < Y(t) < Y_{上})$即为机构的功能可靠度，可表示为

$$R = P(Y_{下} < Y(t) < Y_{上}) \tag{5.55}$$

对应的机构失效概率为

$$F = 1 - R = 1 - P(Y_{下} < Y(t) < Y_{上}) \tag{5.56}$$

(2) 可靠性储备系数K

当对某机构可靠性要求很高时，即可靠度$R(t)$接近于1或几乎等于1时，例如航空航天器中的某些机构及核电站中防止核泄露的关键性的安全机构，在设计时要求有较大的可靠性裕度，即要有足够的可靠性储备。

设在时刻$t = T_0$时，机构的输出参数Y为某一任意值，是一个随机变量。Y_{max}是按机构功能要求事先确定的允许最大值，当$Y \geqslant Y_{max}$时，机构处于失效状态。而$Y_{极限}$是该机构在规定时间和规定使用条件下可能达到的极限输出参数，则$Y_{极限}$与Y_{max}间的差值即为该机构的可靠性储备，表示机构保持功能的潜力。所以，机构可靠性储备系数$K_{可靠}$可表示为

$$K_{可靠} = \frac{Y_{max}}{Y_{极限}} > 1 \tag{5.57}$$

而当输出参数 Y 不超出 $Y_{极限}$ 的概率为 $R = P(Y \leqslant Y_{极限})$ 时，上式可改写为含可靠度的可靠性储备系数 K_r，即

$$K_r = \frac{Y_{极限}}{Y_R} \tag{5.58}$$

因为工作过程中，机构工作能力是变化的，所以可靠性储备系数就成为时间的函数 $K_r(t)$。随着机构的使用时间增加，$K_r(t)$ 会逐渐减少，故可靠性储备系数的变化速度 $\gamma_{可靠}$ 可表示为

$$\gamma_{可靠} = \frac{\mathrm{d}K_r}{\mathrm{d}t} \tag{5.59}$$

3. 机构可靠性通用数学模型

设某机构由使用要求确定的性能输出参数为 $Y_k(k = 1,2,3,\cdots,s)$，它是随机变量 $x_1,x_2,x_3,\cdots,x_m$ 的函数，故 Y_k 也是随机变量，有

$$Y_k = f_k(x_1,x_2,x_3,\cdots,x_m) \tag{5.60}$$

又设机构性能输出参数的允许极限值为 $z_k(k = 1,2,3,\cdots,s)$，当定义事件 $(Y_k \leqslant z_k)$ 为机构可靠时，则有

$$R_k = P(Y_k \leqslant z_k) \quad (k = 1,2,3,\cdots,s) \tag{5.61}$$

其中，R_k 表示机构第 k 项性能输出参数达到规定要求的可靠度。

上式是机构单侧性能输出极限（上极限）下的可靠度公式。同理，可以延伸出单侧下极限和双侧性能输出限制的可靠度表达式。

(1) 机构运动学数学模型

机构运动学数学模型，实际上是建立机构多元随机变量下的运动函数，即建立机构的输入运动与输出运动的函数表达式。

① 运动方程

$$F(Y,X,q) = 0 \tag{5.62}$$

式中 $Y = [y_1,y_2,y_3,\cdots,y_\lambda]^{\mathrm{T}}$ 为机构广义输出运动；

$X = [x_1,x_2,x_3,\cdots,x_m]^{\mathrm{T}}$ 为机构广义输入运动；

$\boldsymbol{q} = [q_1,q_2,q_3,\cdots,q_n]^{\mathrm{T}}$ 为考虑各种随机误差情况下，机构有效结构参数向量；

$F = [f_1,f_2,f_3,\cdots,f_\lambda]^{\mathrm{T}}$ 为 λ 个独立运动方程，正好解出 λ 个输出运动。

② 输出位移、速度、加速度与输入运动的关系式

位移

$$Y = Y(X,q) \tag{5.63}$$

速度

$$\dot{Y} = -\left(\frac{\partial F^{-1}}{\partial Y}\right)\left(\frac{\partial F}{\partial X}\right)\dot{X} \tag{5.64}$$

加速度

$$\ddot{Y} = -\left(\frac{\partial F^{-1}}{\partial Y}\right)\left[\frac{\mathrm{d}}{\mathrm{d}t}\left(\frac{\partial F}{\partial Y}\right)\dot{Y} + \left(\frac{\partial F}{\partial X}\right)\ddot{X} + \frac{\mathrm{d}}{\mathrm{d}t}\left(\frac{\partial F}{\partial X}\right)\dot{X}\right] \tag{5.65}$$

式中

$$\frac{\partial F}{\partial Y}=\begin{bmatrix}\frac{\partial f_1}{\partial y_1} & \frac{\partial f_1}{\partial y_2} & \cdots & \frac{\partial f_1}{\partial y_\lambda}\\ \frac{\partial f_2}{\partial y_1} & \frac{\partial f_2}{\partial y_2} & \cdots & \frac{\partial f_2}{\partial y_\lambda}\\ \vdots & \vdots & & \vdots\\ \frac{\partial f_\lambda}{\partial y_1} & \frac{\partial f_\lambda}{\partial y_2} & \cdots & \frac{\partial f_\lambda}{\partial y_\lambda}\end{bmatrix}$$

$$\frac{\partial F}{\partial X}=\begin{bmatrix}\frac{\partial f_1}{\partial x_1} & \frac{\partial f_1}{\partial x_2} & \cdots & \frac{\partial f_1}{\partial x_m}\\ \frac{\partial f_2}{\partial x_1} & \frac{\partial f_2}{\partial x_2} & \cdots & \frac{\partial f_2}{\partial x_m}\\ \vdots & \vdots & & \vdots\\ \frac{\partial f_\lambda}{\partial x_1} & \frac{\partial f_\lambda}{\partial x_2} & \cdots & \frac{\partial f_\lambda}{\partial x_m}\end{bmatrix}$$

(2) 计算可靠度

与应力 - 强度干涉模型类似,设功能函数为

$$G(z)=\delta-\Delta Y>0 \tag{5.66}$$

式中,ΔY 表示输出误差,δ 表示允许极限误差,则此式表示输出误差要小于允许极限误差。

假设 ΔY 与 δ 均为正态分布,即

$$\Delta Y=\frac{1}{\sqrt{2\pi}\sigma_u}\exp\left[-\frac{1}{2}\left(\frac{x-\mu_u}{\sigma_u}\right)^2\right] \tag{5.67}$$

$$\delta=\frac{1}{\sqrt{2\pi}\sigma_0}\exp\left[-\frac{1}{2}\left(\frac{y-\mu_0}{\sigma_0}\right)^2\right] \tag{5.68}$$

则有

$$f(z)=\frac{1}{\sqrt{2\pi}\sigma_z}\exp\left[-\frac{1}{2}\left(\frac{z-\mu_z}{\sigma_z}\right)^2\right] \tag{5.69}$$

可靠度 R 为

$$R=P(Z>0)=\int_0^\infty f(z)\mathrm{d}z=\int_0^\infty\frac{1}{\sqrt{2\pi}\sigma_z}\exp\left[-\frac{1}{2}\left(\frac{z-\mu_z}{\sigma_z}\right)^2\right]\mathrm{d}z \tag{5.70}$$

化为标准正态分布,设 $\beta=\dfrac{z-\mu_z}{\sigma_z}$,则

$$R=P(Z>0)=\int_0^\infty f(z)\mathrm{d}z=\int_{-\beta}^\infty\frac{1}{\sqrt{2\pi}}\exp\left[-\frac{1}{2}\mu^2\right]\mathrm{d}\mu=\Phi(\beta) \tag{5.71}$$

式中

$$\beta=\frac{\mu_z}{\sigma_z}=\frac{\mu_0-\mu_u}{\sqrt{\sigma_0^2+\sigma_u^2}} \tag{5.72}$$

当知道输出误差及允许极限误差分布特征值后,即可求出可靠度 R。

4.机构工作过程的分解

机构的形式虽然千差万别,且完成的功能也各不相同。但是,总的来说,它们往往有以下共同特点:

① 机构的整个过程是由一个或几个动作来完成的。例如飞机起落架收放机构要完成收上动作、放下动作、开锁动作和上锁动作等;某坦克自动装弹机要完成回转、提升、推送、抛射等动作。

② 机构附在机体上,在运动之前机构相对于机体是静止的。为完成规定的动作,机构相对于机体要做相对运动,在动作完成后,又要求机构相对于机体静止。

根据以上特点,我们把机构工作过程分解为若干动作,把每个动作分解为若干阶段。划分的原则是把机构从静止到运动再到静止这一完整过程定义为一个动作,而每个动作又可划分为三个阶段,即启动阶段、运动阶段及定位阶段。

启动阶段是机构从静止状态到运动状态的过渡阶段;运动阶段是机构保持运动状态到规定位置的阶段;定位阶段是机构从运动状态再回到静止状态的过渡阶段。

5.功能可靠性分析

对应机构动作的不同阶段,进行相应的功能可靠性分析。

(1) 启动功能可靠性分析

机构实现启动,从静止状态到相对运动状态,必须保证驱动力(矩)M_d 大于阻抗力(矩)M_r,即

$$M_d > M_r \tag{5.73}$$

因此,启动可靠度就是驱动力(矩)大于阻抗力(矩)的概率,即

$$R_{st} = P(M_d > M_r) \tag{5.74}$$

当已知驱动力(矩)和阻抗力(矩)的分布特性时,即可求出机构的启动可靠度。当驱动力(矩)和阻抗力(矩)都为正态分布且无关时,有

$$\beta = \frac{\bar{M}_d - \bar{M}_r}{\sqrt{\sigma_{M_d}^2 + \sigma_{M_r}^2}} \tag{5.75}$$

式中 $\bar{M}_d$、σ_{M_d}——驱动力(矩)的均值和标准差;

$\bar{M}_r$、σ_{M_r}——阻抗力(矩)的均值和标准差;

一般情况下,驱动力(矩)和阻抗力(矩)都是若干基本随机变量的函数,此时可用一次二阶矩法计算启动的可靠度。

(2) 运动功能可靠性分析

对于某些只要求从初始位置运动到指定位置的机构,对运动过程中的参数(如速度、加速度、时间和位移等)并无明确要求,其机构运动正常的判定准则为

$$W_d > W_r \tag{5.76}$$

此时机构运动可靠度即运动过程中驱动力(矩)所做的功(称为主动功(W_d))大于阻抗力(矩)所做的功(称为被动功(W_r))的概率,即

$$R_m = P(W_d > W_r) \tag{5.77}$$

当已知主动功和被动功的分布特性时,即可求出机构的启动可靠度。当主动功和被动

功都为正态分布且无关时，有

$$\beta = \frac{\overline{W}_d - \overline{W}_r}{\sqrt{\sigma_{W_d}^2 + \sigma_{W_r}^2}} \tag{5.78}$$

式中 $\overline{W}_d$、σ_{W_d}—— 主动功的均值和标准差；

$\overline{W}_r$、σ_{W_r}—— 被动功的均值和标准差。

(3) 定位阶段可靠性分析

定位阶段是机构从运动状态到静止状态的过渡阶段。定位阶段的失效模式除强度类失效模式外，主要是不能到达指定位置和不能保持在规定位置。机构定位时一般会发生碰撞，因此使问题复杂化。如果不考虑碰撞，对于弹簧定位机构，在失掉驱动力情况下，到位可靠度可按机构动能大于阻力功的概率计算，此时的计算公式与运动过程相同。

第6章 独立失效系统可靠性模型

6.1 概　　述

机械系统是为了实现特定功能而由协同作用的零部件按一定的结构形式构成的。在可靠性工程中,根据是否对出现故障的系统进行维修,将系统分为不修复系统和可修复系统两类。不修复系统是由于技术上不可能修复、经济上不值得修复或本身属于一次性使用的产品等原因,失效后就不再使用的系统。可修复系统是发生故障后,可以通过维修而恢复其功能并继续使用的系统。显然,工程实际中的大多数系统都属于可修复系统。不修复系统的可靠性模型相对简单,不涉及维修性问题。在可靠性理论中,通常先以不修复系统为对象研究狭义可靠性问题、建立系统可靠性模型,然后再扩展到可修复系统。

系统是由其零部件构成的一个有机整体。系统中的各零部件不仅要各司其职,而且不可避免地存在相互作用。系统的可靠性不仅与组成系统的各单元的可靠性有关,还取决于单元的组合方式,以及单元失效之间的相互联系。根据系统中各零件的失效是相互独立的事件还是彼此相关(包括统计相关) 的事件,可以把系统划分为独立失效系统和相关失效系统。

系统可靠性问题包括可靠性预测和可靠性分配两大部分内容。可靠性预测是定量估计产品(系统或零件) 可靠性。可靠性预测有直接方法与间接方法两大类,直接方法需要应用以往的经验与故障数据,通常是以元器件、零部件的失效概率为依据,预测产品可能达到的可靠度;间接方法是根据载荷分布、强度分布等基本设计变量计算零部件及系统的可靠度。这两类方法都需要以适当的数学模型为基础。

本章介绍各零件失效相互独立的不修复系统的可靠性模型。

6.2　串联系统

在可靠性工程中,常用系统结构图和系统逻辑图描述系统与各单元之间的关系,其中,系统结构图用于表达系统中各单元之间的物理关系,系统可靠性逻辑图则用于表达系统各单元之间的功能关系,它显示系统为了完成规定的功能,哪些单元必须正常工作,哪些单元仅作备用,等等。系统的可靠性逻辑图与系统结构图在形式上并不总是一致的,即物理形式为串联(或并联) 的系统,根据其功能的不同,可靠性逻辑可能是并联(或串联)的。

设由 n 个零件组成的系统,其中任一零件发生故障,系统即出现故障,或者说只有全部零件都正常时系统才正常,这样的系统称为串联系统,其可靠性框图如图 6.1 所示。

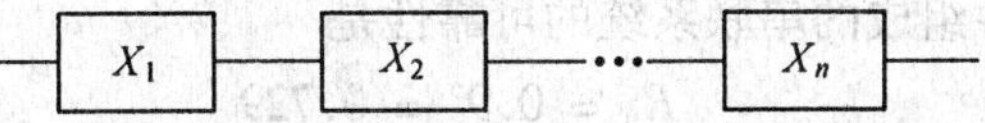

图6.1　串联系统可靠性框图

串联系统可靠度表达式为

$$R_s = P(A_1 \cap A_2 \cap \cdots \cap A_n) \tag{6.1}$$

式中　R_s—— 系统的可靠度；

A_i—— 第 i 个零件正常的事件，$i = 1,2,\cdots,n$；

n—— 系统中零件的总数；

$P(\cdot)$—— 概率。

在"各零件失效是相互独立的随机事件" 这样的假设条件下，式(6.1) 可改写为

$$R_s = P(A_1)P(A_2)\cdots P(A_n) = \prod_{i=1}^{n} P(A_i) \tag{6.2}$$

即串联系统的可靠度模型为

$$R_s = \prod_{i=1}^{n} R_i \tag{6.3}$$

式中，R_i 为第 i 个零件的可靠度。

设单元 i 的失效率为 $\lambda_i(t)$，则可靠度为

$$R_i(t) = \exp\left[-\int_0^t \lambda_i(t)\mathrm{d}t\right]$$

其串联系统可靠度为

$$R_s(t) = \prod_{i=1}^{n} \exp\left[-\int_0^t \lambda_i(t)\mathrm{d}t\right] = \exp\left[\sum_{i=1}^{n} -\int_0^t \lambda_i(t)\mathrm{d}t\right]$$

$$R_s(t) = \exp\left[-\int_0^t \lambda_s(t)\mathrm{d}t\right]$$

其中，$\lambda_s(t) = \sum_{i=1}^{n} \lambda_i(t)$，为串联系统的失效率。

若单元的失效率为常量，则有简单的形式

$$R_s = \mathrm{e}^{-\lambda_s t}$$

其中

$$\lambda_s = \sum_{i=1}^{n} \lambda_i$$

系统的平均寿命(平均无故障工作时间 MTTF) 为

$$\theta = 1/\lambda_s = 1/\sum_{i=1}^{n} \lambda_i$$

由此可见，一个由失效相互独立的单元组成的串联系统的故障率是各单元故障率之和，单元数越多，系统故障率越高，可靠度也就越低。

例 6.1　已知由三个零件组成的串联系统，每个零件的可靠度均是 0.9，求系统的可靠度。

解 这三个零件组成的串联系统的可靠性是

$$R_s = 0.9^3 = 0.729$$

例 6.2 已知由四个零件构成的串联系统中,各零件寿命均服从指数分布,$\lambda_1 = 0.002$、$\lambda_2 = 0.002$、$\lambda_3 = 0.001$、$\lambda_4 = 0.001$,试写出系统可靠性的表达式,并计算系统工作到 100 h 时的可靠度。

解 对于由寿命服从指数分布的零件构成的串联系统,其可靠度计算公式为

$$R_s = \prod_{i=1}^{n} R_i$$

因此,系统的可靠度为

$$R_s(t) = (e^{-0.002t})(e^{-0.002t})(e^{-0.001t})(e^{-0.003t}) = e^{-0.008t}$$

也可以先计算各零件失效率之和,即

$$\lambda_s = 0.002 + 0.002 + 0.001 + 0.003 = 0.008$$

然后再根据公式

$$R_s(t) = e^{-\lambda_s t}$$

计算系统可靠度

$$R_s(t) = e^{-0.008t}$$

当时间 $t = 100$ h,系统可靠度为

$$R_s(100) = e^{-0.008\times 100} = 0.449\ 3$$

6.3 并联系统

设系统由 n 个零件组成,若只要有一个或一个以上零件正常工作系统就能正常工作,或者只有当全部 n 个零件都发生故障时系统才出现故障,这样的系统称为并联系统,并联系统可靠性框图如图 6.2 所示。

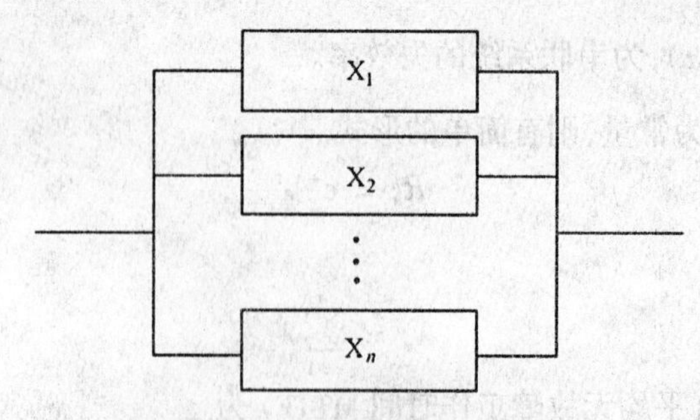

图 6.2 并联系统可靠性框图

并联系统的概率表达式为

$$R_s = P(A_1 \cup A_2 \cup \cdots \cup A_n) = 1 - P(\overline{A_1} \cap \overline{A_2} \cap \cdots \cap \overline{A_n}) \tag{6.4}$$

假设各单元相互独立,由概率乘法定理可得

$$R_s = 1 - \prod_{i=1}^{n}[1 - P(A_i)]$$

令 $R_i(i=1,2,\cdots,n)$ 为零件的可靠度,则并联系统可靠度计算模型可写为

$$R_s = 1 - \prod_{i=1}^{n}(1-R_i) \tag{6.5}$$

并联系统的失效概率为

$$F_s = \prod_{i=1}^{n}(F_i) \tag{6.6}$$

容易知道,对于并联系统,即使单元的失效率为常量,系统的失效率也不是常量。

假设并联系统的每个单元的寿命都服从指数分布,第 i 个单元的失效率为 λ_i,则系统的可靠度为

$$R(t) = 1 - \prod_{i=1}^{n}(1-e^{\lambda_i t}) \tag{6.7}$$

例6.3 一个系统具有三个零件,当时间为0时,三个零件都处于正常工作状态,并且只要有一个零件正常工作,系统就能正常工作。在三个零件的寿命都服从指数分布,且失效前平均工作时间分别是40 h、80 h和85 h的条件下,写出系统的可靠性函数表达式,并且求出当25 h时,系统的可靠度。

解 该系统是由三个零件组成的并联系统,其系统的可靠度为

$$R_s(t) = 1-(1-e^{-t/40})(1-e^{-t/80})(1-e^{-t/85})$$

在时间 $t=25$ h,系统的可靠度为

$$R_s(25) = 1-(1-e^{-25/40})(1-e^{-25/80})(1-e^{-25/85}) = 0.966\,5$$

6.4 混联系统

6.4.1 串-并联系统

图6.3为由并联子系统构成的串联系统,简称串-并联系统。计算该系统的可靠度时,首先将并联子系统化为一个等效部件,再将整个系统当作一串联系统来计算。

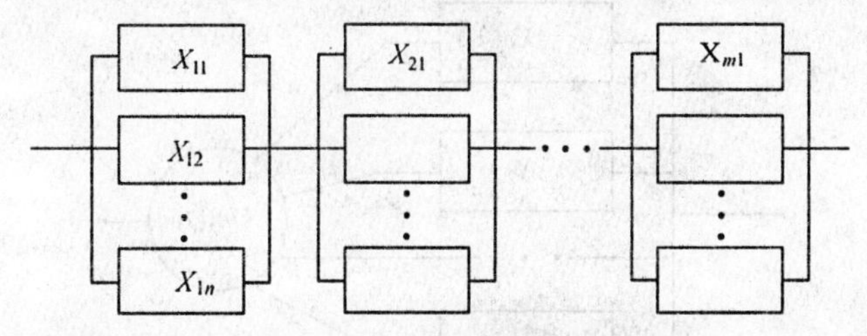

图6.3 串-并联系统

设有 m 个子系统,每个子系统都是由 n 个零件并联组成的,各个零件的可靠度分别为 $R_{ij}, i=1,2,\cdots,m, j=1,2,\cdots,n_i$,且所有零件的失效都相互独立,则可得串-并联系统的可靠度为

$$R_s = \prod_{i=1}^{m}\{1-\prod_{j=i}^{n_i}(1-R_{ij})\} \tag{6.8}$$

当所有的 $R_{ij}=R$，所有的 $n_i=n$ 时，则 m 个并联子系统的串联系统的可靠度为

$$R_s=[1-(1-R)^n]^m \tag{6.9}$$

6.4.2 并－串联系统

并－串系统如图 6.4 所示。计算这种系统可靠度的方法是首先将每一串联子系统化成一个等效部件，然后把整个系统看做是并联系统来计算。

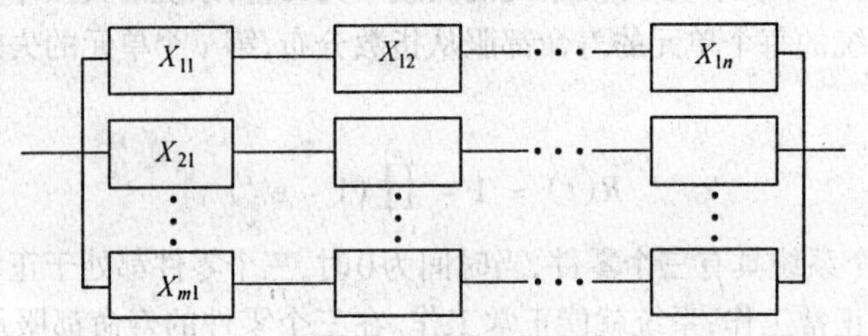

图 6.4 并－串系统

假设有 m 个子系统，每一子系统有 n_i 个零件，各个零件的可靠度分别为 R_{ij}，$i=1,2,\cdots,m$；$j=1,2,\cdots,n_i$，且所有零件的故障都相互独立，则可得并－串联系统的可靠度为

$$R_s=1-\prod_{i=1}^{m}\{1-\prod_{j=1}^{n_i}R_{ij}\} \tag{6.10}$$

当所有的 $R_{ij}=R$，所有的 $n_i=n$ 时，则系统的可靠度为

$$R_s=1-(1-R^n)^m \tag{6.11}$$

6.5 表决系统

设系统由 n 个零件组成，而系统成功地完成任务需要其中至少 k 个零件处于完好状态，这种系统称为 $k/n(G)$ 系统，或称 n 中取 k 表决系统（$1\leqslant k\leqslant n$）。图 6.5 所示为典型的 $k/n(G)$ 系统原理图。

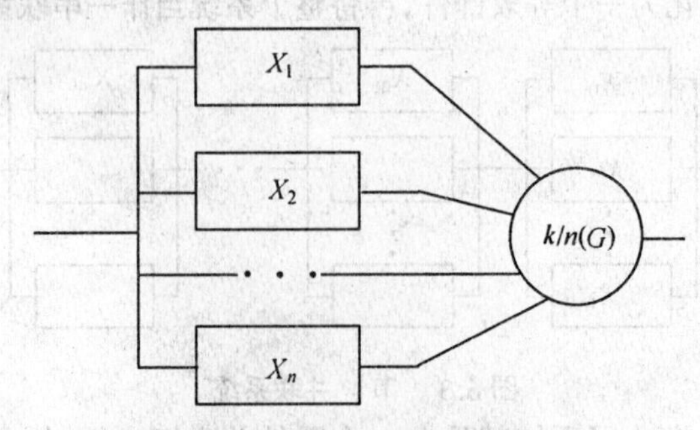

图 6.5 $k/n(G)$ 原理框图

显然，串联系统与并联系统都是表决系统的特例：

(1) 当 $k=n$ 时，$n/n(G)$ 系统等价于 n 个零件的串联系统。

(2) 当 $k=1$ 时，$1/n(G)$ 系统等价于 n 个零件的并联系统。

定义

$$x_i = \begin{cases} 1 & \text{第 } i \text{ 个部件正常} \\ 0 & \text{第 } i \text{ 个部件故障} \end{cases}$$

若系统完好,则必须满足

$$\sum_{i=1}^{n} x_i \geqslant k \tag{6.12}$$

若每个零件都有相同的可靠度 R 及相同的失效概率 p,k/n 表决系统的 n 个零件中有任意 k 个失效的概率为

$$P_s^{k/n} = \frac{k!}{n!(n-k)!} p^k (1-p)^{n-k} \tag{6.13}$$

$k/n(G)$ 系统的可靠度表达式为

$$R_s = \sum_{i=k}^{n} \binom{n}{i} R^i (1-R)^{n-i} \tag{6.14}$$

例 6.4 一个系统由四个零件组成,如果多于两个零件失效,则系统不能正常工作。假设每个零件都服从指数分布并且失效率为 0.000 388,求系统工作 300 h 的可靠度和系统失效前的平均工作时间。

解 该系统是2/4表决系统,至少保证两个零件正常工作才可以保证系统正常工作。每个零件可靠度为

$$R = e^{-0.000\,388 \times 300} = 0.89$$

系统可靠度为

$$R_s = \sum_{x=2}^{4} \binom{4}{x} R^x (1-R)^{4-x} = \left[\frac{4!}{(2!)(4-2)!}\right](0.89)^2(1-0.89)^{4-2} + \left[\frac{4!}{(3!)(4-3)!}\right](0.89)^3(1-0.89)^{4-3} + \left[\frac{4!}{(4!)(4-4)!}\right](0.89)^4(1-0.89)^{4-4} = 0.995$$

系统失效前的平均工作时间为

$$\theta_s = \sum_{i=2}^{4} \frac{1}{i(0.000\,388)} = \frac{1}{2(0.000\,388)} + \frac{1}{3(0.000\,388)} + \frac{1}{4(0.000\,388)} = 2\,792 \text{ h}$$

6.6 储备系统

当并联系统中只有一个单元工作,其他单元不工作而作为备用,当工作单元失效时用一个备用单元代替失效单元,使系统工作不致中断,这种系统称为储备系统或后备冗余系统。

储备系统由 n 个零件组成,在初始时刻,一个零件开始工作,其余 $n-1$ 个零件作为储备。当工作零件发生故障时,储备零件逐个地替换故障零件,直至所有 n 个零件均发生故障,系统才发生故障。图 6.6 为储备系统的可靠性框图。

储备系统有冷储备系统和热储备系统两种。所谓冷储备系统是指储备期间储备零件不承载,不工作,所以储备零件不劣化。储备期长短对以后的工作寿命没有影响,但是,储

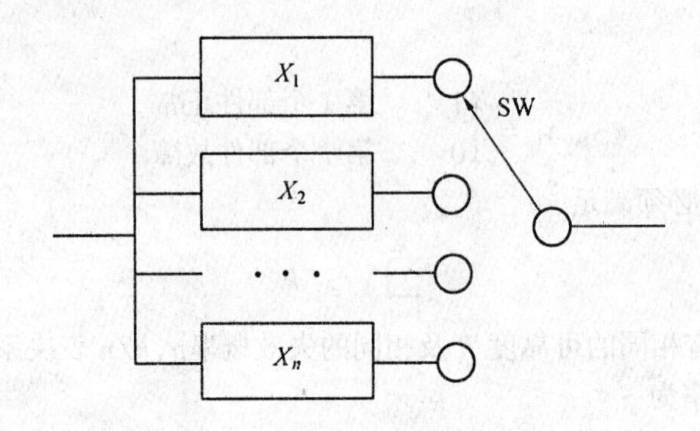

图 6.6 储备系统可靠性框图

备系统中储备零件的替换故障零件的转换开关对整个系统能否可靠正常地工作影响很大。因此,根据转换开关的可靠性,冷储备系统可以分为两种情况:转换开关完全可靠的冷储备系统和转换开关不完全可靠的冷储备系统。

热储备系统中储备零件在储备期间承受载荷,可能发生失效,所以热储备系统的可靠性问题比冷储备系统复杂得多。

在由 n 个单元构成的储备系统中,如果故障检查器与转换开关的可靠度很高(接近100%),则在给定的时间 t 内只要累积的失效单元数不多于$(n-1)$,则系统就不会失效。

如果转换开关处于理想状态,单元寿命服从指数分布,储备系统寿命则服从伽玛分布,这是因为指数分布随机变量之和服从伽玛分布。作为特例,若各单元的失效率均为 λ,则储备系统的可靠度可用泊松分布的部分求和公式计算,即

$$R_s(t) = e^{-\lambda t}\left[1 + \lambda t + \frac{(\lambda t)^2}{2!} + \frac{(\lambda t)^3}{3!} + \cdots + \frac{(\lambda t)^{n-1}}{(n-1)!}\right]$$

或

$$R_s(t) = e^{-\lambda t}\sum_{i=0}^{n-1}\frac{(\lambda t)^i}{i!}$$

当开关非常可靠时,储备系统的失效率比相应的并联系统的失效率更低。

显然,储备系统的 MTTF 等于各单元的 MTTF 之和,即

$$\mathrm{MTTF_s} = \sum_{i=1}^{n}\mathrm{MTTF}_i$$

例 6.5 一个储备系统具有三个电力供应单元,转换开关处于理想状态。每个电力供应单元 MTBF 是 20 000 h,求系统工作时间少于 100 000 h 的可能性是多少。

解 每个电力单元都具有相同的服从指数分布的失效率,则系统可靠度表达式是

$$R(t) = e^{-0.000\,05t}\sum_{i=0}^{3-1}\frac{(0.000\,05t)^i}{i!}$$

在 100 000 h 时,系统可靠度为

$$R(t) = e^{-5}\left[\frac{5^0}{0!} + \frac{5^1}{1!} + \frac{5^2}{2!}\right] = 0.124\,7$$

在多数情况下,理想的转换开关是不存在的。一个简单的例子是由两个服从指数分布的单元构成的储备系统,其可靠度为

$$R_s(t) = e^{-\lambda_a t} + \frac{p\lambda_a}{\lambda_b - \lambda_a}(e^{-\lambda_a t} - e^{-\lambda_b t})$$

式中 p—— 转换开关的可靠度；

λ_a—— 处于工作状态的单元失效率；

λ_b—— 处于储备状态的单元失效率。

假如两个单元具有相同的失效率，则表达式可以简化为

$$R_s(t) = e^{-\lambda t}(1 + p\lambda t)$$

例 6.6 单元 1 和 2 服从指数分布，平均失效时间分别是 66 667 h 和 100 000 h，转换开关的可靠度是 0.95，求系统工作 10 000 h 的可靠度是多少。

解 系统可靠度为

$$R_s(t) = e^{\frac{-t}{66\,667}} + \frac{0.95 \times \frac{1}{66\,667}}{\frac{1}{100\,000} - \frac{1}{66\,667}}\left(e^{\frac{-t}{66\,667}} - e^{\frac{-t}{100\,000}}\right)$$

当时间等于 10 000 h，表达式为

$$R_s(10\,000) = e^{-0.15} - 2.85(e^{-0.15} - e^{-0.1}) = 0.9\,865$$

6.7 软件可靠度

现代产品通常是硬件和软件的组合。而且越来越多的计算机系统都即时操作，例如机器控制和预约系统。计算机系统应用的增多伴随着用来驱动系统的计算代码的大小和复杂性的增加。一个产品或过程的可靠度是系统硬件与软件的可靠度的函数。因此，软件可靠度问题变得日益重要。

6.7.1 软件可靠性与硬件可靠性的差别

硬件可靠性理论与方法已相对成熟，软件可靠性理论与方法相对较新，并且仍在发展之中。软件可靠度和硬件可靠度的定义相同，即在某段特定时间内，在某个特定的情况下，操作不失效的可能性。然而，在硬件和软件可靠性中有许多不同之处：

(1) 软件可靠度不是制造的函数，每一组计算机代码是确定的，没有制造的变化性。

(2) 软件不随着时间退化。机器部件在应用中耗损和退化。不管一个计算机程序被应用多少次，确实都会同新的一样，并且像从前一样运行。

(3) 外部环境对软件无影响。振动、温度和其他环境因素可能会影响计算机硬件，但是软件的运行与外部环境相独立。软件可靠度的定义涉及内部环境。例如处理的业务类型或者所依赖的硬件。

(4) 所有软件的失效都是错误设计的结果。

(5) 软件错误只有通过重新设计才能被修复。因此，软件的可修复性定义与硬件不同，可修复性取决于重新设计的速度和难易。

(6) 由于软件在修复过程中不是停顿的，所以软件有效性不用作性能指标。

提高软件可靠度的方法和传统的用于硬件的方法也是不同的，很显然，软件可靠度不能用冗余提高，基本代码中的任何错误都包含在冗余代码中。用于提高软件可靠度的方法有：① 应用结构化编程；② 应用模块化设计；③ 容错设计。

结构化设计法限制设计者只通过一个入口和一个出口来控制结构，因此，GOTO 法的应用是禁止的。模块设计法将整个程序分成若干个独立的小程序。这些模块比较容易检验和核对。程序也应该允许错误。例如，如果一个工作人员想打印一个报告，但没有打开打印机，程序应该能够发现打印机不能用，并且通知工作人员，而不是死机。

6.7.2 软件可靠度模型

目前已经提出了几个软件可靠度模型，应用最广泛的两个模型是基本执行时间模型和对数泊松执行时间模型。模型中都有一个执行时间元件和一个日历时间元件。下面只介绍执行时间元件，因为对于可靠性建模来说，执行时间优于日历时间。

1. 基本执行时间模型

基本执行时间模型认为失效事件是一种非齐次泊松过程，也就是说，失效事件服从泊松分布，而且泊松分布的参数随时间变化。失效事件发生率也是随时间变化的，因为错误也随时出现和消除。

失效强度是失效数的函数，其定义为

$$\lambda(\mu) = \lambda_0\left\{1 - \frac{\mu}{v_0}\right\} \tag{6.15}$$

式中 μ—— 在指定时刻的期望失效数；

λ_0—— 初始失效强度；

v_0—— 在无穷时间内将会发生失效的总数。

失效强度的变化率是

$$\frac{\mathrm{d}\lambda}{\mathrm{d}\mu} = -\frac{\lambda_0}{v_0} \tag{6.16}$$

失效率作为时间的函数是

$$\lambda(t) = \lambda_0 \mathrm{e}^{-\frac{\lambda_0 t}{v_0}} \tag{6.17}$$

失效数作为时间的函数是

$$\mu(t) = v_0(1 - \mathrm{e}^{-\frac{\lambda_0 t}{v_0}}) \tag{6.18}$$

例 6.7 一个程序的初始失效强度是每个 CPU 时间内 15 次。现在这个程序已经历失效数 50 次。假设这个程序将在无穷的时间内失效 120 次，那么当前失效强度是多少？失效强度的变化率是多少？

解 当前失效强度为

$$\lambda(\mu) = 15\left\{1 - \frac{50}{120}\right\} = 8.75\ \text{次 /CPU 时间}$$

失效强度的变化率为

$$\frac{d\lambda}{d\mu} = -\frac{15}{120} = -0.125/\text{CPU 时间}$$

例6.8 对于上例中的系统,在工作30 h后失效数会是多少?30 h后失效强度是多少?

解 失效数为

$$\mu(30) = 120(1 - e^{-\frac{15(30)}{120}}) = 117.2$$

失效强度为

$$\lambda(30) = 15e^{-\frac{15(30)}{120}} = 0.0353\ \text{次/CPU 时间}$$

2.对数泊松执行时间模型

基本的执行时间模型默认有相同的操作剖面,失效率强度的变化是常数。对数泊松工作时间模型包含一个允许有没界面的失效度衰减参数。在规定失效数的前提下失效率是

$$\lambda_i = \lambda_{i-1}(1 - \theta) \tag{6.19}$$

式中 λ_i—— 第 i 次失效时的失效率;

θ—— 失效衰减参数。

对数泊松工作时间模型也假设失效发生率是一个不同性质的泊松过程。失效度作为经验失效数的函数为

$$\lambda(\mu) = \lambda_0 e^{-\theta\mu} \tag{6.20}$$

式中 μ—— 在一定时间内给定点的预期失效数;

λ_0—— 初始失效度;

θ—— 失效度衰减参数。

失效率强度是一个时间函数,即

$$\frac{d\lambda}{d\mu} = -\lambda_0\theta e^{-\theta\mu} = -\lambda\theta \tag{6.21}$$

失效率是时间函数,即

$$\lambda(t) = \frac{\lambda_0}{\lambda_0\theta t + 1} \tag{6.22}$$

失效数可以表示为一个执行时间的函数,即

$$\mu(t) = \frac{\ln(\lambda_0\theta t + 1)}{\theta} \tag{6.23}$$

例6.9 一个程序中的初始失效强度是每个CPU时间内有15个失效。现在这个程序经历了50个失效。失效强度衰退参数是每个失效0.03。假定这个程序在无限的时间在将经历120个失效。求这个事件的失效强度及失效强度变化率。

解 这个事件的失效强度为

$$\lambda(\mu) = 15e^{-0.03(50)} = 3.347\ \text{失效/CPU 时间}$$

失效强度变化率为

$$\frac{d\lambda}{d\mu} = -15(0.03)e^{-0.03(50)} = -0.1004$$

例6.10 在上例中,求执行30 h后所期望的失效数及期望的失效强度。

解 期望的失效数为

$$\mu(t) = \frac{\ln[15(0.03)(30)+1]}{0.03} = 89.1$$

期望的失效强度为

$$\lambda(t) = \frac{15}{15(0.03)(30)+1} = 1.03 \text{ 失效 /CPU 时间}$$

第7章

相关失效系统可靠性模型

根据零件的可靠度计算系统可靠度是一种通行的做法。在传统的零件/系统可靠性分析中,典型的方法是借助载荷-强度干涉模型计算零件的可靠度,或通过可靠性实验来确定零件的可靠度。然后,在"系统中各零件失效相互独立"的假设条件下,根据系统的逻辑结构(串联、并联、表决等)建立系统的可靠性模型。然而,由于在零件可靠度计算或可靠度试验过程中没有或不能区分载荷分散性与强度分散性的不同作用,因此虽然能得到零件可靠度这个数量指标,却混合了载荷分散性与强度分散性的独特贡献,掩盖了载荷分散性对系统失效相关性的特殊作用,丢失了有关系统失效的信息,因而,无法从零件可靠度中直接构建一般系统(即除独立失效系统之外的其他系统,以下称相关失效系统)的可靠度模型。

众所周知,最具代表性传统的系统可靠度计算方法是对于由零件A、B和C构成的串联系统,取可靠度 R_s 为零件可靠度 R_i 的乘积,即

$$R_s = R_A R_B R_C$$

事实上,隐含了各零件独立失效的假设。若组成串联系统的 n 个零件的可靠度分别为 $R_1, R_2, \cdots, R_n$,则系统可靠度为

$$R_s = \prod R_i$$

若各零件的可靠度相等,即 $R_i = R(i = 1,2,\cdots,n)$,则有

$$R_s = R^n$$

显然,这样的公式只有当各零件的失效是相互独立时才成立。

早在1962年,就有研究者指出,由 n 个零件构成的串联系统的可靠度 R_n 的值在其零件可靠度 R(假设各零件的可靠度相等)与各零件可靠度的乘积 R^n 之间。系统可靠度取其上限 R 的条件是零件强度的标准差趋于0;而系统可靠度取其下限 R^n 的条件是载荷的标准差趋于0。

关于系统失效概率 $P(n)$ 与零件失效概率 $P_i(n)$ 之间的关系还有如下阐述。对于串联系统,有

$$\max P_i(n) < P(n) < 1 - \prod (1 - P_i(n))$$

下限适用于各构件失效是完全相关的情况,上限适用于相互独立失效的情况。一般说来,如果载荷的变异性大于抗力的变异性,系统的失效概率接近于下限,反之则接近上限。

对于并联系统,有

$$\prod P_i(n) < P(n) < \min P_i(n)$$

当各构件失效为相互独立事件时,下限是精确值;当各构件失效完全相关时,上限是精确值。

7.1 相关失效现象与机理

对于工程实际中的绝大多数系统,组成系统的各零件处于同一随机载荷环境下,它们的失效一般不是相互独立的。或者说,系统中各零件的失效存在统计相关性。因此,相关失效问题是系统可靠性问题的重要内容之一。系统失效相关的根源可划分为三大类:一是各子系统存在共用的零件或零件间的失效具有传递性;二是各子系统或零部件共享同一外部支撑条件(动力、能源等);三是被称为“共因失效”的统计相关性。

前两种失效相关性都能通过系统功能图或可靠性逻辑框图清楚地表达,数学模型处理也比较简单。共因失效(Common Cause Failure,简称 CCF),或称共模失效(Common Mode Failure)是各类系统中广泛存在的、零件之间的一种相关失效形式,这种失效形式的存在严重影响冗余系统的安全作用,也使得一般系统的可靠性模型变得更为复杂。

从工程的角度来看,共因失效事件是无法显式地表示于系统逻辑模型中的、零件之间的相关失效事件。“相关”是系统失效的普遍特征,忽略系统各部分的失效相关性,简单地在各部分失效相互独立的假设条件下进行系统可靠性分析与评价,常常会导致过大的误差,甚至得出错误的结论。

目前,系统可靠性分析还大都假设各零件的失效是相互独立的事件。已有的研究指出,对于电子装置,这样的假设有时是正确的;对于机械零件,这样的假设几乎总是错误的。由于共因失效对冗余系统的可靠性有重要影响,近年来得到了广泛的重视和研究。到目前为止,已提出了许多共因失效模型或共因失效概率分析方法。然而,在传统的研究中,大都是用 CCF 事件来反映一组零件的失效相关性,据此再从工程应用的角度提出相应的经验或半经验模型。

根据载荷 - 强度干涉理论,零件破坏是由于载荷大于其强度造成的。因此,在零件失效分析中,既应同时包括环境载荷与零件性能这两方面因素,又需对这二者区别对待。这里,环境载荷指的是导致零件失效的外部因素,如机械载荷、温度、湿度等。相应地,零件性能指的是零件对相应各种环境载荷的抗力,如强度、耐热性、耐湿性等。

对于各零件承受同一环境载荷或相关环境载荷的系统,载荷的随机性是导致系统共因失效的根本原因。系统中各零件之间的失效相关程度是由载荷的分布特性与零件性能(强度)的分布特性共同决定的。载荷 - 强度干涉分析表明,系统中各零件完全独立失效的情况只是在环境载荷为确定性常量而零件性能为随机变量时的一种极特殊的情形。在一般情况下,环境载荷和零件性能都是随机变量,因而都不同程度地存在失效相关性。在数学上,任何系统(如串、并联系统,表决系统)的失效相关性(共因失效)都可以借助于环境载荷 - 零件性能干涉分析进行评估与预测。

在恒定载荷 X_e 作用下,零件失效概率等于零件性能随机变量 X_p 小于该载荷 X_e 的概率。在这样的载荷条件下,系统中各零件的失效是相互独立的,因为各零件失效与否完全取决于其自身的个体性能情况。就整个系统而言,在这种情况下不存在零件间的失效相关性,即不存在共因失效问题。这正是系统失效的一种特殊情形 —— 完全独立的零件失效。导致这种情形的必要条件是环境载荷为确定性常量,而零件性能为随机变量。系统失效的另一种特殊情形是其各零件完全相关的失效。导致完全相关的失效的条件是,零件性能是确定性常量(即所有的零件性能都完全相同,没有分散性),而环境载荷为随机变量。显然,在这样的场合,或者没有一个零件失效(若载荷的某一实现(样本值)小于零件性能指标),或者所有零件都同时失效(若载荷某一实现(样本值)大于等于零件性能指标)。

在绝大多数情况下,环境载荷和零件性能都是随机变量,因而系统中各零件的失效一般既不是相互独立的,也不是完全相关的。系统失效的相关性来源于载荷的随机性,零件性能的分散性则有助于减轻各零件间的失效相关程度。

相关失效分析方法可以分为定性分析和定量计算两类。定性分析包括问题的定义、建立逻辑模型(如可靠性框图、事件树、故障树)、数据分析等。由于相关失效在系统可靠性和概率风险评价中都不能忽略,所以其定量计算更为重要。定量计算主要是依靠参数模型,通过特定的共因参数的使用,定量地解释共因失效的影响。迄今为止,提出的模型有 β 因子模型、二项失效率(BFR)模型、共同载荷(CLM)模型、基本参数(BP)模型、多希腊字母(MGL)模型、α 因子模型等。由于这些模型和方法都有其各自的缺陷,所以很难在工程实际中得到广泛应用。

7.2 传统共因失效模型

7.2.1 β 因子模型

β 因子模型是应用于核电站概率风险评价中的第一个参数化模型,同时也是一种比较简单的模型。该模型的基本思想是,部件有两种完全互相排斥的失效模式,第一种失效模式以角标I标记,代表部件本身的独立原因引起的失效;第二种失效模式以角标C标记,代表某种“共同原因”导致的集体失效。由此,在该模型中,零件的失效率被分为独立失效(只有一个零件失效)和共因失效(所有零件全部失效)两部分,即

$$\lambda = \lambda_I + \lambda_C$$

式中 λ—— 零件的总失效率;

λ_I—— 独立失效率;

λ_C—— 共因失效率。

由此定义了一个共同原因因子 β,即

$$\beta = \frac{\lambda_C}{\lambda} = \frac{\lambda_C}{\lambda_I + \lambda_C} \tag{7.1}$$

或者

$$\lambda_C = \beta\lambda$$

$$\lambda_I = (1 - \beta)\lambda$$

共因因子 β 可以由失效事件数据统计来确定。

根据 β 因子模型,由两个失效率皆为 λ 的零件构成的并联系统的失效率为

$$\lambda^{2/2} = ((1-\beta)\lambda)^2 + \beta\lambda \tag{7.2}$$

对于高于二阶的系统，β 因子模型给出的各阶失效率为

$$\lambda_k = \begin{cases} (1-\beta)\lambda & k = 1 \\ 0 & 1 < k < m \\ \beta\lambda & k = m \end{cases} \tag{7.3}$$

在此需要说明的是，工程中(例如核电站概率风险评价）习惯用失效率 λ 这个指标，因此 β 因子模型是以失效率(而不是失效概率）表达的。

显然，β 因子模型有明显的局限性。当系统中的单元数多于两个时，会出现其中几个单元同时失效的失效率为零的情况。实际上，由外部载荷因素所导致的共因失效，可能导致系统中任意个单元同时失效。所以严格地讲，β 因子模型只适用于二阶冗余系统，而对于高阶冗余系统，计算结果偏于保守。但由于该模型简单、易于掌握，所以，曾广泛地用于概率风险评价。

7.2.2 α 因子模型

α 因子模型实际上是为了克服 β 因子模型的缺陷，考虑任意阶数失效的情况，对于 m 阶冗余系统引入了 m 个参数 $\lambda_1, \lambda_2, \cdots, \lambda_m$。单个零件的失效率 λ 与这 m 个参数的关系为

$$\lambda = \sum_{k=1}^{m} C_{m-1}^{k-1}\lambda_k \tag{7.4}$$

式中　λ_k——特定 k 个零件的失效率。

通常，零件的失效率可以根据已知数据求得。此外，在 α 因子模型中还引入了参数 $\alpha_k(k = 1,2,\cdots,m)$，其意义为由于共同原因造成的 k 个单元的失效率与系统失效率之比，即

$$\alpha_k = C_m^k \frac{\lambda_k}{\lambda_s} \tag{7.5}$$

式中，$\lambda_s = \sum_{k=1}^{m}\lambda_k$，为系统失效率。

α 因子模型的具体应用方法是，用概率统计的知识(如极大似然估计法)，根据已知的失效数据确定参数 α_k，从而求得各阶失效率 λ_k。

7.2.3 BFR 模型

BFR 模型认为有两种类型的失效：一种是在正常的载荷环境下零件的独立失效，另一种是由冲击(shock) 因素引起的、能导致系统中一个或多个零件同时失效。冲击因素又分为致命性冲击和非致命性冲击两种。非致命性冲击出现时，系统中的各个零件的失效概率为常量 p，且各零件的失效是相互独立的。当致命性的冲击出现时，全部零件都以 100% 的概率失效。

根据环境载荷 - 零件性能干涉概念，BFR 模型考虑的失效情形可解释为有三种相互独立的环境因素。这三种环境因素与三种相应的零件性能之间的关系分别如图 7.1(a)， (b)和(c)所示。第一种环境是以100%的概率出现的确定性载荷s_1,这种环境载荷是只能导致零件独立失效的确定性载荷。在该载荷作用下,零件的失效概率记为Q_i。第二种环境是以概率μ出现的载荷s_2,对应于非致命性冲击。在该载荷作用下,零件的失效概率记为p。而第三种环境是以概率ω出现的极端载荷s_3,对应于致命性冲击。在该极端载荷作用下,零件的失效概率为100%。也就是说,所有的零件都同时发生失效。可见,实际上所有这三种环境载荷都分别对应于独立的零件失效的情形,相应的零件失效概率(以相应的环境载荷为条件)分别为Q_i,p和1。这些参数就是BFR模型所定义的,即

(1)Q_i为在正常环境下每个零件的独立失效概率;

(2)μ为非致命冲击载荷出现的频率;

(3)p为在非致命冲击载荷条件,零件的条件失效概率;

(4)ω为致命冲击载荷出现的频率。

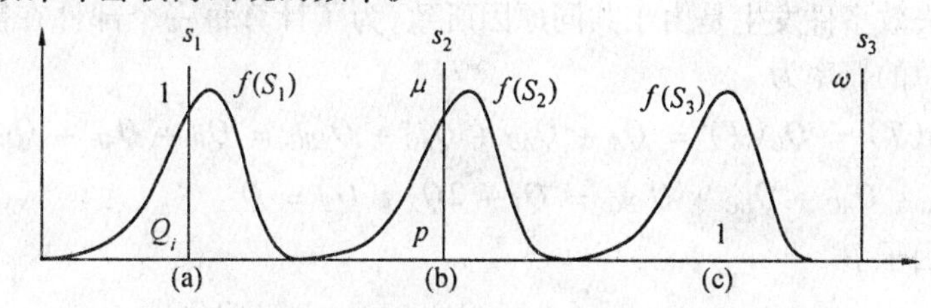

图7.1 环境载荷与零件性能间的三种关系

由此,得到各阶失效概率的数学表达式为

$$p_k = \begin{cases} Q_i + \mu p(1-p)^{m-1} & k = 1 \\ \mu p^k(1-p)^{m-k} & 1 < k < m \\ \mu p^m + \omega & k = m \end{cases} \tag{7.6}$$

对于2/3冗余系统,BFR模型把系统失效概率估计为

$$Q_s = 3[Q_i + \mu p(1-p)^2]^2 + 3\mu p^2(1-p) + \mu p^3 + \omega \tag{7.7}$$

7.2.4 共同载荷模型

共同载荷模型(CLM)是通过应力-强度干涉理论来建立共因失效概率的,其中所有共同的原因机制(如环境应力、人为差错等)通过应力变量分布表达,而一些非直接的共因失效机制(如系统的退化、零件性能的变化)通过强度分布描述。所以,该模型的表达式为

$$Q_{k/m} = C_m^k\int_0^\infty f_L(x_L)\left[\int_0^{x_L} f_S(x_S)\mathrm{d}x_S\right]^k\left[\int_{x_L}^\infty f_S(x_S)\mathrm{d}x_S\right]^{m-k}\mathrm{d}x_L \tag{7.8}$$

式中 $Q_{k/m}$——m阶冗余系统中,k个零件同时失效的概率;

$f_L(x_L)$——载荷X_L的概率密度函数;

$f_S(x_S)$——强度X_S的概率密度函数。

该模型的最大缺点是应力及强度的分布无法精确表达,而只能用"试凑法"计算系统失效概率。

7.2.5 MGL方法

MGL(the Mulitiple Greek Letter)方法也是β因子法的进一步发展。下面以三个部件并联的系统为例来说明冗余系统中的共因失效问题。记A,B,C为部件A,B,C的独立失效事件,如图7.2所示。AB,BC和AC为两部件的同时失效事件,ABC表示三部件的同时失效事件,事件发生的概率分别记为

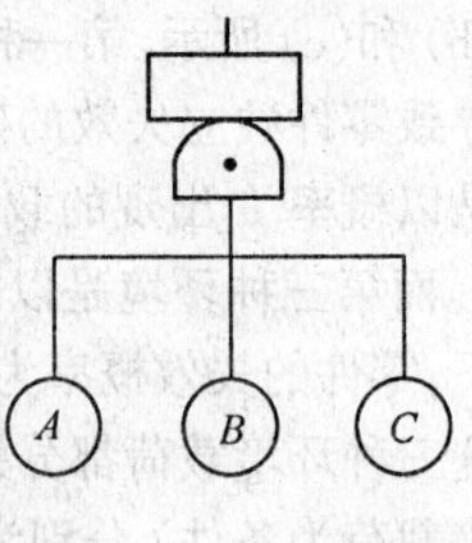

图7.2　三部件并联系统

$$\begin{cases} Q_1 = Q_A = Q_B = Q_C \\ Q_2 = Q_{AB} = Q_{BC} = Q_{AC} \\ Q_3 = Q_{ABC} \end{cases} \tag{7.9}$$

两重以上失效事件发生是由于共同原因所致,为了计算每一个部件在需要它投入时而可能失效的总的概率为

$$Q_A(T) = Q_B(T) = Q_C(T) = Q_A + Q_{AB} + Q_{AC} + Q_{ABC} = Q_B + Q_{AB} + Q_{BC} + Q_{ABC} = Q_C + Q_{AC} + Q_{BC} + Q_{ABC} = Q_1 + 2Q_2 + Q_3 = Q \tag{7.10}$$

定义共因失效因子β

$$\beta_A = \beta_B = \beta_C = \beta = \frac{2Q_2 + Q_3}{Q_1 + 2Q_2 + Q_3} = \frac{2Q_2 + Q_3}{Q} \tag{7.11}$$

β是指两个以上部件同时发生失效时的条件概率,另一个共因比例因子γ定义为系统三个部件由于共因而同时失效的条件概率,可表示为

$$\gamma_A = \gamma_B = \gamma_C = \gamma = \frac{Q_3}{2Q_2 + Q_3} \tag{7.12}$$

由上述公式可得到各阶失效概率

$$\begin{cases} Q_3 = \gamma\beta Q \\ Q_2 = \dfrac{(1-\gamma)\beta Q}{2} \\ Q_1 = (1-\beta)Q \end{cases} \tag{7.13}$$

式(7.13)为MGL模型的计算公式,可以用这组公式来求解2/3冗余系统共因失效问题。

对于2/3冗余系统,按照系统的成功准则,可求出以下的最小割集——包括三对独立失效割集,三对两部件共因失效割集,以及一个三部件同时共因失效的割集,即

$$\{A,B\},\{B,C\},\{A,C\},\{AB\},\{BC\},\{AC\},\{ABC\}$$

其他可能组合的割集不是最小割集。所以,根据容斥原理可求出

$$\begin{aligned} Q_s(2/3) &= 3Q_1^2 + 3Q_2 + Q_3 - 3Q_1^2Q_3 - 9Q_1^2Q_2 - 3Q_2Q_3 + 9Q_1^2Q_2Q_3 = \\ &\quad 3Q_1^2(1 - Q_3 - 3Q_2 + 3Q_2Q_3) + 3Q_2(1 - Q_3) + Q_3 = \\ &\quad 3Q_1^2[1 - Q_3 - 3Q_2(1 - Q_3)] + 3Q_2(1 - Q_3) + Q_3 \end{aligned} \tag{7.14}$$

将(7.13)代入式(7.14),可得

$$Q_s(2/3) = 3(1-\beta)^2Q^2\left[1 - \gamma\beta Q - \frac{3}{2}(1-\gamma)\beta Q(1 - \gamma\beta Q)\right] +$$

$$\frac{3}{2}(1-\gamma)\beta Q(1-\gamma\beta Q)+\gamma\beta Q \tag{7.15}$$

在工程实际的计算中，有时可以应用近似计算公式，忽略三阶的 β 和 Q 值，即

$$Q_s(2/3)=3Q^2+\frac{3}{2}(1-\gamma)\beta Q+\gamma\beta Q \tag{7.16}$$

公式中的第一项代表两部件独立失效贡献，第二项为共同原因导致二部件同时失效贡献，第三项为共同原因造成三个部件全部失效。

7.3 系统层的载荷－强度干涉模型

7.3.1 应力－强度干涉分析

应力和强度是失效问题中的一对矛盾。一般来说，应力 s 是一个随机变量，用 $h(s)$ 表示其概率密度函数；强度 S 也是随机变量，其概率密度函数用 $f(S)$ 表示。分析与模拟结果均表明，应力的随机性是产生共因失效这种失效相关性的最基本原因，而零件性能的分散性则有助于减轻系统中零件失效的相关程度。

在传统的可靠性分析、计算方法中，一般都没有区分应力分散性与强度分散性对产生系统失效相关性的不同意义。例如，零件失效概率 p(零件强度 S 小于应力 s 的概率）是借助应力－强度干涉模型计算的，即

$$P=\int_0^{\infty}h(s)\left[\int_0^{s}f(S)\mathrm{d}S\right]\mathrm{d}s \tag{7.17}$$

根据这样的计算模型，不同的应力分布与强度分布的组合可以产生相同的零件失效概率，不同的应力分布(如不同的均值与标准差的组合）与同一强度分布(或同一应力分布与不同的强度分布）也可以产生相同的零件失效概率。但是，不同的应力分布与强度分布的组合将导致明显不同的系统失效概率，即使这些组合都产生相同的零件失效概率。

在应力与强度均为正态分布随机变量的条件下，计算零件可靠度时还可以做如下变换，即构造一个新的随机变量 z，即

$$z=S-s \tag{7.18}$$

显然，由于应力与强度可以看做是相互独立的随机变量，z 也是一个服从正态分布的随机变量，其均值和标准差分别为 $\mu_z=\mu_S-\mu_s$ 和 $\sigma_z=(\sigma_S^2+\sigma_s^2)^{1/2}$。这里，$\mu_S$、$\sigma_S$ 分别为强度随机变量 S 的均值与标准差；μ_s、σ_s 分别为应力随机变量 s 的均值与标准差。

用 $g(z)$ 表示随机变量 z 的概率密度函数，零件失效概率可表达为

$$p=\int_{-\infty}^{0}g(z)\mathrm{d}z \tag{7.19}$$

从这样计算零件失效概率的传统公式可见，在计算零件失效概率的过程中，显然是混合了应力的分布特性与强度的分布特性，即使用的是一个新的控制变量 z 及新的分散性指标 σ_z。由于应力的分布特性与强度的分布特性对产生共因失效有截然不同的作用，而在上述零件失效概率计算过程中却混合了应力分散性参数与强度分散性参数，相当于遗失了共因失效信息，因而无法再用这样计算出的零件的可靠度通过串、并联等可靠性逻辑关

系计算系统(除非是各零件独立失效的系统)的可靠度。

在确定性载荷条件下(确定性的载荷用斜体字母 Y 表示),各零件的失效是完全独立的(这种情形的应力 - 随机强度干涉关系如图 7.3 所示),零件失效概率可表示为

$$\pi(Y) = p(S < Y) = \int_0^Y f(S)\mathrm{d}S \tag{7.20}$$

而系统的 n 个零件中有任意 k 个失效的概率为

$$p_s^{k/n} = \frac{n!}{k!(n-k)!}\pi^k(1-\pi)^{n-k} \tag{7.21}$$

也就是说,只有在这样的特殊条件下,传统的表决系统可靠性模型才适用。

对于零件性能为确定性常量 X(即各零件的性能完全一样,没有分散性的理想情况),而载荷为随机变量的情形,系统中所有的零件或者同时失效,或者都不失效(失效与否仅取决于载荷随机变量的实现)。这是零件失效完全相关的情形(这时的环境载荷 - 零件性能关系如图 7.4 所示),系统中的 n 个零件同时失效的概率与一个零件失效概率 p 相同,即

$$p_s = p = \int_X^\infty h(s)\mathrm{d}s \tag{7.22}$$

也就是说,在这种情况下,零件性能的一致性抵消了冗余系统的作用。由此也可以看出,这里涉及的仅是在相同载荷环境下的共因失效问题。

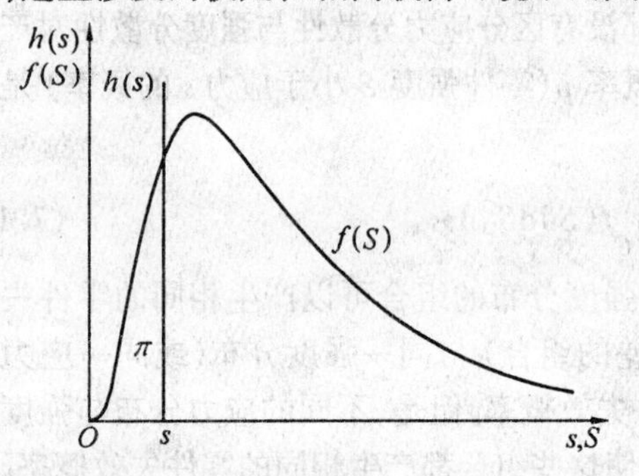

图 7.3 应力 - 随机强度干涉关系图

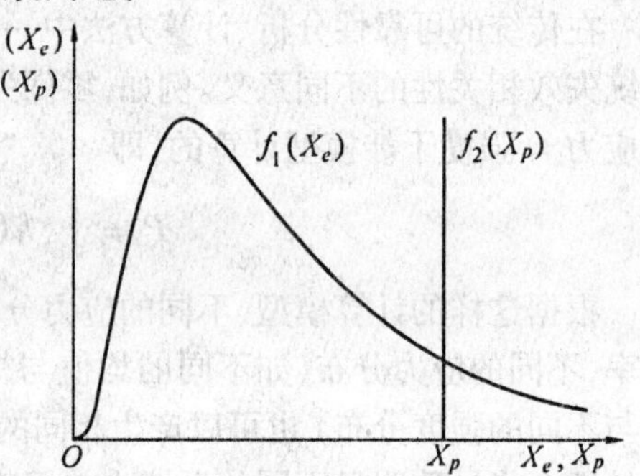

图 7.4 环境载荷 - 零件性能关系图

7.3.2 系统层载荷 - 强度干涉模型

零件性能与环境应力是可靠性分析中的一对矛盾。在通过应力 - 强度干涉分析进行失效概率计算的过程中,既同时考虑环境应力与零件性能这两方面因素,又对这二者所起的作用区别对待,就可以线索清晰地揭示产生共因失效的原因,建立能反映这种相关失效影响的系统可靠性模型(图 7.5)。

零件失效概率 p 定义为零件性能 S 小于环境载荷 s 的概率,可表达为

$$p = P(S < s) \tag{7.23}$$

零件可靠度可以看做是应力的函数。在应力与强度均为随机变量的情况下,可以定义零件的条件失效概率(以应力为条件)为

$$\pi(s) = \int_0^s f(S)\mathrm{d}S \tag{7.24}$$

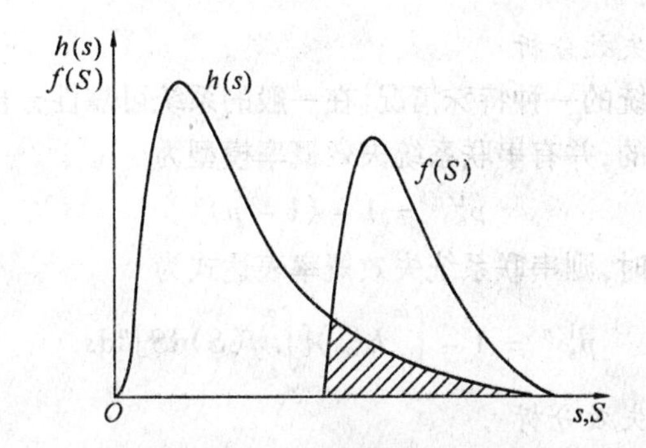

图7.5 环境载荷 s - 零件性能 S 之间的干涉关系

应用这样定义的零件条件失效概率,可以很容易地构造出能反映共因失效这种失效相关性的系统失效概率模型。

显然,在一个确定的应力 Y(可以看做是以概率 $h(s)\Delta s$ 出现的一个应力样本值)作用下,零件的条件失效概率是由其强度分布决定的。由于系统中的各零件的强度一般可以看做是独立同分布随机变量,因此在确定的应力下各零件的失效是相互独立的。对于一个指定的应力样本 Y 而言,系统中 n 个零件同时失效这一事件发生的概率为

$$(\pi(Y))^n = (\int_0^Y f(S)\mathrm{d}S)^n \tag{7.25}$$

上式中$(\pi(Y))^n$相当于n重并联系统的条件失效概率。系统的 n 个零件在随机应力s作用下同时失效的概率则为“系统条件失效概率”在全部可能的应力区间$0 < s < \infty$上的统计平均值,即

$$p_s^n = \int_0^\infty (\pi(s))^n h(s)\mathrm{d}s = \int_0^\infty h(s)[\int_0^s f(S)\mathrm{d}S]^n \mathrm{d}s \tag{7.26}$$

式(7.26)是通过系统层的应力 - 强度干涉分析建立的、能反映共因失效这种相关失效影响的并联系统失效概率模型,这一点可以很容易地从上式与不能反映失效相关性的传统的并联系统失效概率模型(即 $p_s^n = p^n = \left(\int_0^\infty h(s)[\int_0^s f(S)\mathrm{d}S]^n \mathrm{d}s\right)^n$,式中 p 为零件失效概率)的差别中看出。

1.表决系统失效概率分析

根据上面介绍的建模方法,系统的 n 个零件中恰有 k 个失效的概率为

$$p_s^{k/n} = \mathrm{C}_n^r\int_0^\infty h(s)[\int_0^s f(S)\mathrm{d}S]^k[\int_0^\infty f(S)\mathrm{d}S]^{n-k}\mathrm{d}s \tag{7.27}$$

除非各零件失效相互独立,该系统的n个零件中有任意k个失效的概率$p_s^{k/n}$一般不能按各零件失效相互独立计算,即

$$p_s^{k/n} \neq \frac{n!}{k!(n-k)!}p^k(1-p)^{n-k}$$

式中,p 为零件失效概率。也就是说,传统的 $k/n(F)$ 系统失效概率公式$\frac{n!}{k!(n-k)!}p^k(1-p)^{n-k}$ 只是在各零件失效相互独立情况下的 $k/n(F)$ 系统失效概率公式。

2. 串联系统的相关失效分析

串联系统是冗余系统的一种特殊情况。在一般的系统可靠性分析中，都假设系统中各零件的失效是相互独立的，并有串联系统失效概率模型为

$$p_s^{1/n} = 1 - (1 - p)^n$$

当考虑失效相关性时，则串联系统失效概率表达式为

$$p_s^{1/n} = 1 - \int_0^{\infty} h(s)[\int_s^{\infty} f(S)\mathrm{d}S]^n \mathrm{d}s \tag{7.28}$$

3. 并联系统的相关失效分析

对于零件失效相互独立的并联系统，其失效概率的一般表达为

$$p_s^{n/n} = p^n$$

当考虑失效相关性时，并联系统失效概率可以表达为

$$p_s^{n/n} = \int_0^{\infty} h(s)[\int_0^{s} f(S)\mathrm{d}S]^n \mathrm{d}s \tag{7.29}$$

显然，上式仅适用于最简单的并联系统，即不存在载荷传递或载荷重新分配的系统。

7.3.3 共因失效的普遍性

从上面的模型推导过程可以看出，在建立系统相关失效概率模型的过程中并没有特殊强调“共因失效”事件，只是没有作“系统中各零件的失效是相互独立的”这样的假设。通过下面的应用实例将会看到，这样建立的模型完全反映了共因失效这种零件间的失效相关性对系统可靠性的影响，同时也可以知道，在模型推导过程中，没有关于系统中零件数量的限制，也没有作有关零件数量的任何假设或近似处理，因此这样的模型适用于含任意数量的零件的系统。

还有一点应该说明的是，上面建立失效概率模型的基础是应力 - 强度干涉理论。这里的“应力”和“强度”都可以是广义的，即“应力”可以是导致失效的任何物理量，例如温度、腐蚀强度、电压、损伤程度等；相应地，“强度”可以是温度极限、腐蚀极限、电压极限、损伤容限等。只要失效是由一对随机变量相互作用的结果，且失效与否是由这两个随机变量的相对大小所决定的，就可以应用这样的模型计算其失效概率。

共因失效(CCF)这种零件间的失效相关性在机械系统中是普遍存在的。系统存在失效相关性的必要条件是系统中的零件承受同一或相关的随机变化的环境载荷作用，无论这些零件是否属于同种类型。同时，各种类型的相关失效概率可以用统一的形式表达和估算。例如，两个零件承受同一随机变化的环境载荷作用，环境载荷表示为 $s,(s \sim h(s))$，两零件的性能分别为 $S_1(S_1 \sim f_1(S))$ 和 $S_2(S_2 \sim f_2(S))$。这里，$X \sim f(x)$ 表示 X 是概率密度函数为 $f(x)$ 的随机变量。在这种情形下，两个零件同时发生失效的概率可以很容易地通过一般环境下的载荷 - 性能干涉分析进行计算(图 7.6)，即

$$P(A_1A_2) = \int_0^{\infty} h(s)[\int_0^{s} f_1(S)\mathrm{d}S \int_0^{s} f_2(S)\mathrm{d}S]\mathrm{d}s \tag{7.30}$$

式中，A_i 表示第 i 号零件失效的事件，$P(A_i)$ 表示其发生的概率。

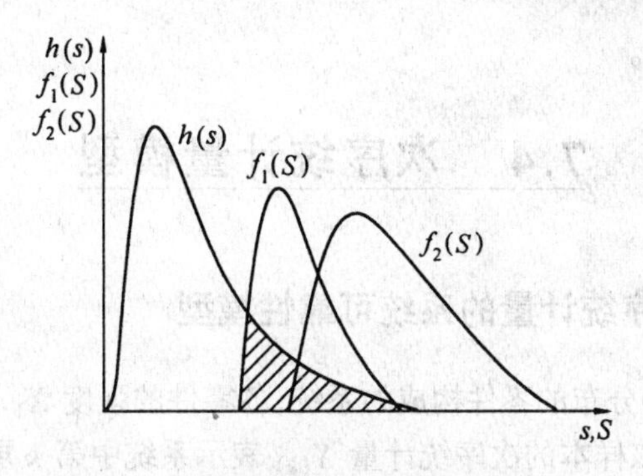

图 7.6　一般环境下的载荷 - 性能干涉关系

7.3.4　共因失效模型分析与比较

根据环境载荷 - 零件性能干涉分析，很容易计算在每种环境下系统的失效概率。对于 2/3 冗余系统，在第 i 种环境下系统的失效概率 P_s^{ith} 为

$$\begin{aligned} P_s^{1st} &= 3Q_i^2(1 - Q_i) + Q_i^3 \\ P_s^{2nd} &= 3p^2(1 - p) + p^3 \\ P_s^{3rd} &= 1 \end{aligned} \tag{7.31}$$

该 2/3 冗余系统的总失效概率为

$$P_s = P_s^{1st} + \mu P_s^{2nd} + \omega P_s^{3rd} = 3Q_i^2(1 - Q_i) + Q_i^3 + 3\mu p^2(1 - p) + \mu p^3 + \omega \tag{7.32}$$

这里的第三种环境(对应于致命性冲击)，也可以解释为零件抵抗相应环境的能力是一个确定性常量(图 7.7)。

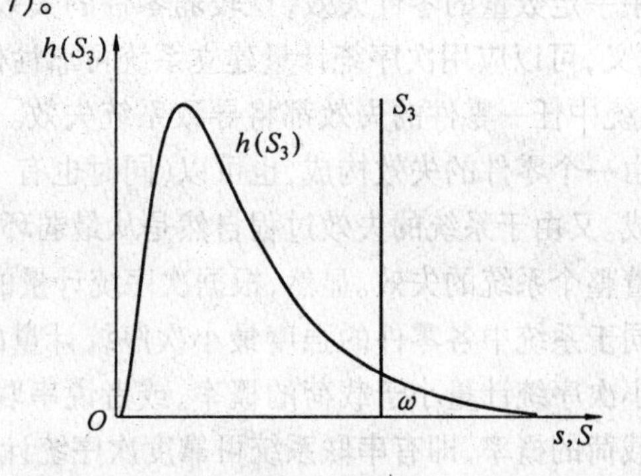

图 7.7　致命冲击环境下的载荷 - 性能干涉关系

可见根据模型(7.27) 预测的系统失效概率稍有不同于 BFR 模型估算的结果。其差别主要来自对“独立失效概率 Q_i” 和“非致命性冲击引起的失效概率 p” 对系统失效概率贡献的不同解释。BFR 模型把正常环境载荷下 2/3 冗余系统的失效概率(即三个零件中有两个零件同时失效的概率) 表达为 $3Q_i^2$，而不是 $3Q_i^2(1 - Q_i)$，高估了“独立失效概率 Q_i” 对共因失效的贡献($3Q_i^2 > 3Q_i^2(1 - Q_i)$)；又把非致命性冲击引起的 2/3 冗余系统的失效概率表达为 $3\mu p^2(1 - p)$ 和 $3[\mu p(1 - p)^2]^2$ 两部分，重复计算了“非致命性冲击引起的失效概率 p” 对共因失效的贡献。之所以出现这样的问题，是因为 BFR 模型是套用一个简化的布尔函数的表达式而来的，而不是根据对共因失效机理的分析得出的。其结果是 BFR 模型高

估了系统共因失效概率。

7.4 次序统计量模型

7.4.1 基于次序统计量的系统可靠性模型

对于由 n 个独立同分布的零件构成的系统,各零件的强度 $X_1,X_2,\cdots,X_n$ 可看做是来自一个母体的样本。而该样本的次序统计量 $X_{(k)}$ 表示系统中第 k 弱的零件强度。

根据概率论,若母体的概率密度函数为 $f(x)$,累积分布函数为 $F(x)$,即 $F(x)=\int_{-\infty}^{x}f(x)\mathrm{d}x$,则 $X_{(k)}$ 的概率密度函数为

$$g_k(x)=\frac{n!}{(k-1)!(n-k)!}[F(x)]^{k-1}[1-F(x)]^{n-k}f(x) \tag{7.33}$$

特别有

$$g_1(x)=n[1-F(x)]^{n-1}f(x) \tag{7.34}$$

$$g_n(x)=n[F(x)]^{n-1}f(x) \tag{7.35}$$

此外,还有 $X_{(k)}$ 与 $X_{(j)}$ 的联合概率密度函数为

$$g_{k,j}(x_k,x_j)=\frac{n!}{(k-1)!(j-1-k)!(n-j)!}[F(x_k)]^{k-1}[F(x_j)-F(x_k)]^{j-1-k}\cdot[1-F(x_k)]^{n-j}f(x_k)f(x_j) \tag{7.36}$$

系统失效是因为其中一定数量的零件失效,且较弱零件的失效将先于较强零件的失效。根据次序统计量的意义,可以应用次序统计量建立系统可靠性模型。首先考虑由 n 个零件组成的串联系统,系统中任一零件的失效都将导致系统失效。从失效模式的构成上,串联系统的失效可以仅由一个零件的失效构成,也可以(同时也有一定的可能性)由多于一个零件的同时失效构成。又由于系统的失效过程自然是从最弱环节开始的,串联系统中最弱零件的失效就意味着整个系统的失效。显然,根据次序统计量的定义,在概率意义上,串联系统的强度分布等同于系统中各零件的强度最小次序统计量的分布。串联系统的失效概率等于零件强度最小次序统计量小于载荷的概率,或者说串联系统的可靠度等于强度最小次序统计量大于载荷的概率,即有串联系统可靠度次序统计量模型

$$R_{\mathrm{s}}^{\mathrm{seri}}=R^{\mathrm{1st}}=\int_0^{\infty}h(s)[\int_s^{\infty}g_1(S)\mathrm{d}S]\mathrm{d}s \tag{7.37}$$

式中,$R_{\mathrm{s}}^{\mathrm{seri}}$ 表示串联系统的可靠度;R^{1st} 表示零件强度最小次序统计量大于载荷的概率。

可以证明,式(7.37)与式(7.28)是等价的。

因为

$$g_1(x)=n[1-F(x)]^{n-1}f(x)$$

所以

$$\int_0^{\infty}h(y)[\int_y^{\infty}g_1(x)\mathrm{d}x]\mathrm{d}y=\int_0^{\infty}h(y)\left[\int_y^{\infty}n[1-F(x)]^{n-1}f(x)\mathrm{d}x\right]\mathrm{d}y=$$

$$\int_0^\infty h(y)\left[\int_y^\infty \frac{-\mathrm{d}[1-F(x)]^n}{\mathrm{d}x}\mathrm{d}x\right]\mathrm{d}y = \int_0^\infty h(y)\left[-(1-F(x))^n\Big|_y^\infty\right]\mathrm{d}y =$$

$$\int_0^\infty h(y)[1-F(y)]^n\mathrm{d}y = \int_0^\infty h(y)\left[1-\int_0^y f(x)\mathrm{d}x\right]^n\mathrm{d}y =$$

$$\int_0^\infty h(y)\left[\int_y^\infty f(x)\mathrm{d}x\right]^n\mathrm{d}y$$

并联系统的失效定义为系统中全部零件的失效,这当然也包括了最强零件的失效。而最强零件的失效即意味着全部零件的失效。根据最大次序统计量的定义,在概率意义上,并联系统的强度分布等同于系统中各零件的强度最大次序统计量的分布。并联系统的可靠度等于零件强度最大次序统计量大于载荷的概率,由此可以建立并联系统可靠度的次序统计量模型,即

$$R_s^{\text{para}} = R^{n\text{th}} = \int_0^\infty h(y)\left[\int_y^\infty g_n(x)\mathrm{d}x\right]\mathrm{d}y \tag{7.38}$$

式中,R_s^{para} 表示串联系统的可靠度;$R^{n\text{th}}$ 表示零件强度最大次序统计量大于载荷的概率。

同样也可以证明,式(7.38)与式(7.29)是等价的。

因为

$$g_n(x) = n[F(x)]^{n-1}f(x)$$

所以

$$\int_0^\infty h(y)\left[\int_y^\infty g_n(x)\mathrm{d}x\right]\mathrm{d}y = \int_0^\infty h(y)\left[\int_y^\infty n[F(x)]^{n-1}f(x)\mathrm{d}x\right]\mathrm{d}y =$$

$$\int_0^\infty h(y)\left[\int_y^\infty \frac{\mathrm{d}[F(x)]^n}{\mathrm{d}x}\mathrm{d}x\right]\mathrm{d}y = \int_0^\infty h(y)\left[(F(x))^n\Big|_y^\infty\right]\mathrm{d}y =$$

$$\int_0^\infty h(y)[1-F(y)^n]\mathrm{d}y = \int_0^\infty h(y)\left[1-\int_y^\infty f(x)\mathrm{d}x\right]^n\mathrm{d}y =$$

$$\int_0^\infty h(y)\left[\int_0^y f(x)\mathrm{d}x\right]^n\mathrm{d}y$$

同理,根据次序统计量的定义以及次序统计量的联合概率密度函数表达式,可以构建 n 个零件中有 k 个失效概率的次序统计量模型,即

$$P^{k/n} = \int_0^\infty h(y)\left[\int_y^\infty\int_0^y g(x_k,x_j)\mathrm{d}x_k\mathrm{d}x_j\right]\mathrm{d}y \tag{7.39}$$

以及 $k/n(F)$ 表决系统可靠度的次序统计量模型,即

$$R_s^{k/n} = R^{k\text{th}} = \int_0^\infty h(y)\left[\int_y^\infty g_k(x)\mathrm{d}x\right]\mathrm{d}y \tag{7.40}$$

7.4.2 模型分析与比较

为了形象地展示系统中零件间的失效相关性及其对系统可靠性的影响,下面对典型的串、并联及表决系统,分别采用次序统计量模型、相关系统可靠性模型和传统的独立系统可靠性模型计算了不同载荷及强度分布条件下的系统可靠度。在以下的算例中,均假设载荷与强度都服从正态分布。

对于由至多100个零件组成的串联系统,在载荷分布参数为均值 $\mu_1 = 400$,标准差

$\sigma_1 = 60$,强度分布参数为均值 $\mu_s = 600$,标准差 $\sigma_s = 60$ 的情况下,分别根据次序统计量模型、相关系统可靠性模型和独立系统可靠性模型计算出的系统可靠度如图 7.8 所示。由图可见,次序统计量模型与相关系统可靠性模型得出的结果一致,而独立系统可靠性模型给出的结果则过于保守。

对于由至多 10 个零件组成的并联系统,在载荷分布参数为均值 $\mu_1 = 400$,标准差 $\sigma_1 = 120$,强度分布参数为均值 $\mu_s = 600$,标准差 $\sigma_s = 120$ 的情况下,分别根据次序统计量模型、相关系统可靠性模型和传统的独立系统可靠性模型计算出的系统可靠度如图 7.9 所示。由图可见,次序统计量模型与相关系统可靠性干涉模型得出的结果一致,而独立系统可靠性模型给出的结果则偏于危险。

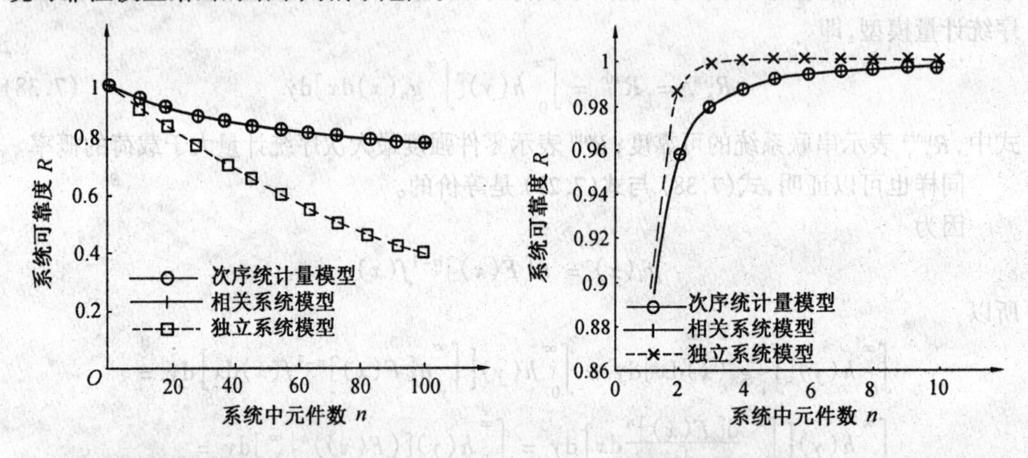

图 7.8 串联系统可靠度与系统零件数量之间的关系

图 7.9 并联系统可靠度与系统零件数量之间的关系

对于由至多 30 个零件组成的 $3/n(n = 5 \sim 30)$ 表决系统,在载荷分布参数为均值 $\mu_1 = 300$,标准差 $\sigma_1 = 80$,强度分布参数为均值 $\mu_s = 600$,标准差 $\sigma_s = 60$ 的情况下,分别根据次序统计量模型、相关系统可靠性模型和传统的独立系统可靠性模型计算出的系统可靠度如图 7.10 所示。由图可见,次序统计量模型与相关系统可靠性干涉模型得出的结果一致,而独立系统可靠性模型给出的结果则明显偏于危险。

对于 3/15 表决系统,在载荷分布参数为均值 $\mu_1 = 300$,标准差 $\sigma_1 = 30 \sim 120$,强度分布参数为均值 $\mu_s = 600$,标准差 $\sigma_s = 60$ 的情况下,分别根据次序统计量模型、相关系统可靠性模型和传统的独立系统可靠性模型计算出的系统可靠度如图 7.11 所示。由图可见,次序统计量模型与相关系统可靠性干涉模型得出的结果一致,而独立系统可靠性模型给出的结果则明显偏于危险。

对于 3/15 表决系统,在载荷分布参数为均值 $\mu_1 = 300$,标准差 $\sigma_1 = 80$,强度分布参数为均值 $\mu_s = 600$,标准差 $\sigma_s = 40 \sim 160$ 的情况下,分别根据次序统计量模型、相关系统可靠性模型和独立系统可靠性模型计算出的系统可靠度如图 7.12 所示。由图可见,次序统计量模型与相关系统可靠性干涉模型得出的结果一致,而独立系统可靠性模型给出的结果则明显偏于危险。

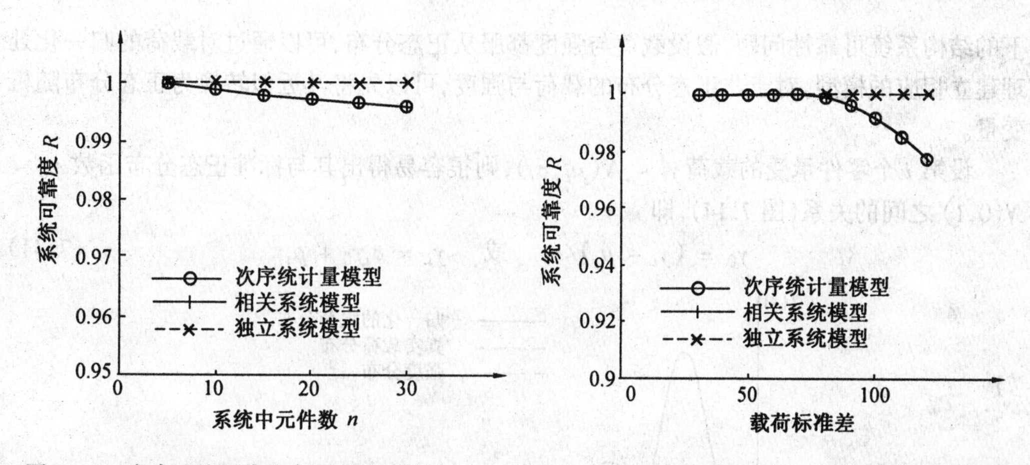

图7.10 表决系统可靠度与系统零件数量之间的关系

图7.11 不同载荷分布条件下的表决系统可靠度

对于3/15表决系统，在载荷分布参数为均值 $\mu_1 = 300$，标准差 $\sigma_1 = 30 \sim 120$，强度分布参数为均值 $\mu_s = 600$，标准差 $\sigma_s = 60$ 的情况下，分别根据次序统计量模型、相关系统可靠性模型和独立系统可靠性模型计算出的15个零件中有3个失效的概率(图7.13)。由图可见，次序统计量模型与相关系统可靠性干涉模型得出的结果一致，而独立系统可靠性模型给出的结果则明显偏于危险。

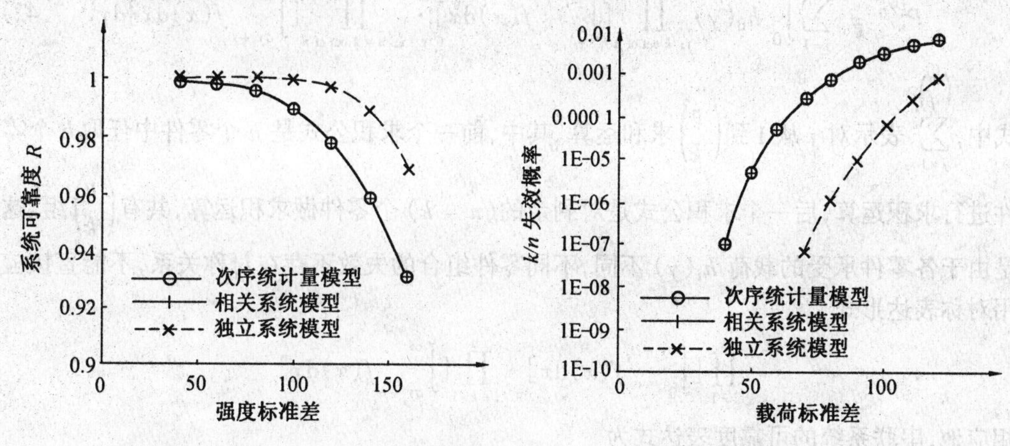

图7.12 不同强度分布条件下的3/15表决系统可靠度

图7.13 不同载荷分布条件下的3/15表决系统失效概率

7.5 可靠性干涉模型的扩展

7.5.1 各零件承受不同载荷的系统可靠性模型

系统中包含多个零件，零件上可能有周期性重复结构，实际工程结构可能存在多个危险点。各零件或各危险点的载荷可能不完全相等，但可假设为线性相关的。对于这种情况下的结构系统可靠性问题，假设载荷与强度都服从正态分布，可以通过对载荷的归一化处理建立相应的模型。对于非正态分布的载荷与强度，可以先将其近似转换为正态分布随机变量。

设第 i 个零件承受的载荷 $y_i \sim N(\mu_i, \sigma_i)$，则很容易得出其与标准正态分布函数 $y_0 \sim N(0,1)$ 之间的关系(图 7.14)，即

$$y_0 = (y_i - \mu_i)/\sigma_i \quad 或 \quad y_i = \sigma_i y_0 + \mu_i \tag{7.41}$$

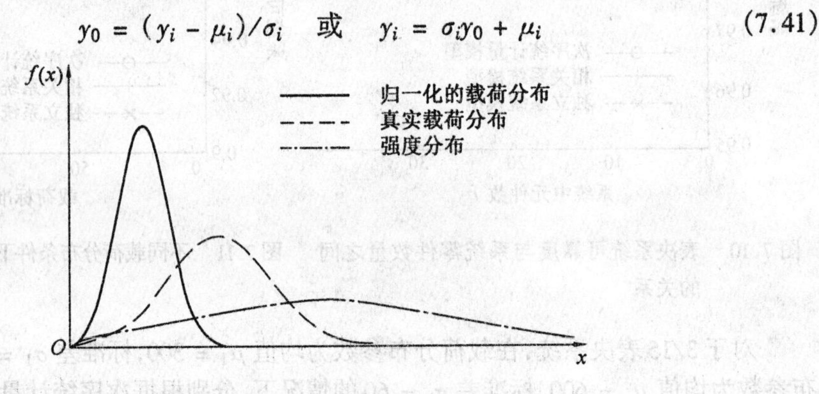

图 7.14 载荷归一化及干涉关系

由此，系统的 n 个零件中有任意 k 个失效的概率可以表达为

$$P_s^{k/n} = \sum_{j=1}^{\binom{n}{k}} \int_0^{\infty} h_0(y) \prod_{i:\ k \text{ out of } n}^{j\text{th group}} \left[\int_0^{\sigma y_i + \mu_i} f(x)\mathrm{d}x\right] \cdot \prod_{i:\ n-k \text{ out of } n}^{j\text{th group}} \left[\int_{\sigma y_i + \mu_i}^{\infty} f(x)\mathrm{d}x\right]\mathrm{d}y \tag{7.42}$$

式中，$\sum_{j=1}^{\binom{n}{k}}$ 表示对 j 从 1 到 $\binom{n}{k}$ 求和运算。其中，前一个求积公式是 n 个零件中任取 k 个零件进行求积运算，后一个求积公式是对剩余的 $(n-k)$ 个零件做求积运算，共有 $\binom{n}{k}$ 组。这是由于各零件承受的载荷 $h_i(y)$ 不同，不同零件组合的失效不存在对称关系，不能直接应用对称表达形式

$$\prod_{i=1}^{k} \left[\int_0^{\sigma y_i + \mu_i} f(x)\mathrm{d}x\right] \cdot \prod_{i=k+1}^{n} \left[\int_{\sigma y_i + \mu_i}^{\infty} f(x)\mathrm{d}x\right]$$

相应地，串联系统的可靠度表达式为

$$R_s^{1/n} = \int_0^{\infty} h_0(y) \prod_{i=1}^{n} \left[\int_{\sigma y_i + \mu_i}^{\infty} f(x)\mathrm{d}x\right]\mathrm{d}y \tag{7.43}$$

并联系统的可靠度表达式为

$$R_s^{n/n} = 1 - \int_0^{\infty} h_0(y) \prod_{i=1}^{n} \left[\int_0^{\sigma y_i + \mu_i} f(x)\mathrm{d}x\right]\mathrm{d}y \tag{7.44}$$

7.5.2 由不同零件构成的系统的可靠度模型

对于由不同零件组成的系统，在系统中各零件的强度是相互独立的情形，令 x_1, $x_2, \cdots, x_n$ 分别表示 n 个零件的强度，$F_i(x)$ 表示第 i 个零件的强度 $x_i (i = 1 \sim n)$ 的分布

函数,用 N 和 M 分别表示零件强度的最小值和最大值,即

$$N = \min\{x_1,\ x_2,\cdots,\ x_n\}$$

$$M = \max\{x_1,\ x_2,\cdots,\ x_n\}$$

则零件强度的最小次序统计量和最大次序统计量的分布函数分别为

$$F_N(x) = 1 - \prod_{i=1}^{n}[1 - F_i(x)] \tag{7.45}$$

$$F_M(x) = \prod_{i=1}^{n} F_i(x) \tag{7.46}$$

根据最小强度次序统计量与载荷的干涉关系(图7.15),可以得到串联系统的可靠度模型。串联系统的可靠度等于零件强度最小次序统计量大于载荷的概率,即

$$R_s^{\text{seri}} = \int_0^{\infty} h(y)[1 - F_N(y)]\mathrm{d}y \tag{7.47}$$

并联系统的可靠度等于零件强度最大次序统计量大于载荷的概率,即

$$R_s^{\text{para}} = \int_0^{\infty} h(y)[1 - F_M(y)]\mathrm{d}y \tag{7.48}$$

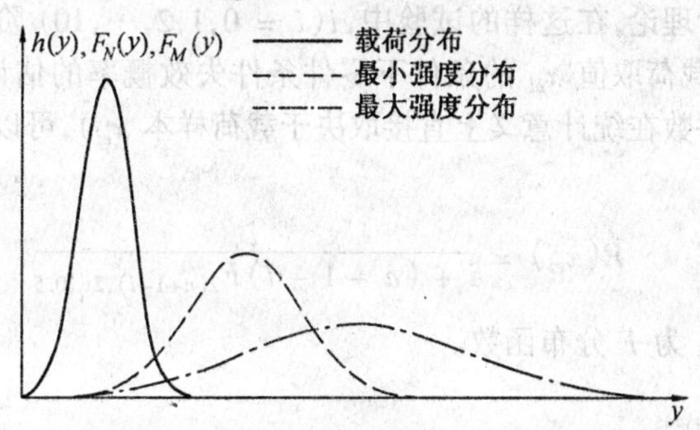

图7.15 载荷-强度极值干涉关系

7.6 参数化形式的系统可靠性模型

7.6.1 共因失效模型离散化

共因失效(CCF)对系统可靠性有非常重要的影响。有研究报告指出,核反应堆安全系统不可用性的20% ~ 80%起因于CCF。然而,上面建立的原理性模型(积分方程)难以直接应用于工程系统的失效概率预测,因为很少有已知的载荷分布或强度分布这样的初始条件。工程实际系统的可靠性预测多是以零件或系统失效事件的记录数据为基础的。目前,在工程系统中应用的CCF模型有 β 因子模型、α 因子模型、MGL模型、BFR模型、SRA模型等,这些模型多是以CCF事件为基础的经验公式,缺乏严密的理论基础,存在精度、适用性等诸多问题。

为了能将以失效机理为基础的系统失效概率模型用于实际工程系统,需要对其进行离散化处理,以便能由系统或其零件的失效数据确定模型参数。事实上,离散化的概率分

布在风险分析中已有许多成功的应用,以简化计算。离散化的概率分布可以用于表达准确形式无法确定的概率密度函数,这正是应用以失效机理为基础的系统失效概率模型估算系统共因失效概率所遇到的情形。

原理性模型是一个积分方程,而积分是多项式求和的一种极限状态。由此可以将积分方程近似地用多项式和的形式表达,即

$$P_s^{r/n} = C_n^r \sum_i (P(x_{ei}))^r (1 - P(x_{ei}))^{n-r} f_1(x_{ei}) \Delta x_{ei} \tag{7.49}$$

式中,$P(x_{ei}) = \int_0^{x_{ei}} f_2(x_p) \mathrm{d}x_p$,是零件在载荷取值为 x_{ei} 时的条件失效概率;$f_1(x_{ei})\Delta x_{ei}$ 是载荷值出现于区间($x_{ei} - \Delta x_{ei}/2,\ x_{ei} + \Delta x_{ei}/2$) 内的概率。

根据式(7.49) 中各项的意义,可以由系统失效数据确定其参数的具体数值。考虑一个 n 阶冗余系统,对其进行 m 次独立试验,第 j 次试验有 k_j 个零件失效(k_j 的值域为 $0,1,2,\cdots n,\ j = 1,2,\cdots,m$)。每次试验出现的失效零件个数不同(即每次试验的结果 k_j 不同),意味着在每次试验时出现的载荷样本不同。具体载荷值的出现情况由其概率密度函数 $f_1(x_e)$ 决定。对于这 m 次试验,所有可能的结果可以用一个集合 $K\{k_j \mid k_j = 0,1,\cdots,n\}$ 表示。根据小子样统计理论,在这样的试验中,$i(i = 0,1,2,\cdots,10)$ 阶秩的失效数对应的累积分布正好就是在载荷取值 x_{ei} 的条件下零件条件失效概率的估计(对于某一次试验而言,发生失效的零件数在统计意义上直接取决于载荷样本 x_{ei}),可以用中位秩进行估计得出,即

$$P(x_{ei}) = \frac{i}{i + (n + 1 - i) F_{2(n+1-i),2i_i,0.5}} \tag{7.50}$$

式中,$F_{2(n+1-i),2i,0.5}$ 为 F 分布函数。
或近似地估算,即

$$P(x_{ei}) = \frac{i - 0.3}{i + 0.4}$$

与之对应的载荷 x_{ei} 的出现概率可估计为

$$f_1(x_{ei}) \Delta x_{ei} = m_i / m \tag{7.51}$$

式中,m_i 为出现 i 阶失效的次数,m 为系统总试验观测的次数。其中隐含的原理是,参数 $f_1(x_{ei})\Delta x_{ei}$ 和 $P(x_{ei})$ 可以分别解释为特定载荷出现的频率和相应的零件条件失效概率,而零件的条件失效概率是由相应的载荷水平和零件强度分布所决定的。具有相同失效阶次的失效事件出现的相对频率可以看做是以 $P(x_{ei})$ 界定的特定载荷 x_{ei} 出现的频率。

有了上述估算参数的公式,就可以根据系统、零件失效事件数据估算或预测系统的各阶失效概率或系统可靠度。需要说明的是,上述参数离散化的基础是,样本分布是母体分布的合理近似。为了保证系统失效概率预测的精度,系统(包括串、并联系统) 的阶次应足够高(例如系统包含的零件数为 10 个左右),以使在同样载荷环境下工作的零件个数(或失效模式数) 多到可以近似代表母体的程度。也就是说,这里所说的“系统阶次” 是广义的说法,“阶次” 可能是由系统中的零件数决定的,也可能是由失效模式数决定的。当然,对于同一零件的不同失效模式来说,由于对应于不同失效模式的“零件强度” 或“抗力” 一般不是独立同分布的,相应的模型也复杂得多。

7.6.2 模型验证与分析

系统可靠度的参数化模型的应用可借助下面的例子描述。这个例子根据一个由10个阀组成的冗余系统(10阶冗余系统)在34次需求中发生的失效事件数据进行系统失效概率预测。失效事件包括具有不同失效阶次的"阀门不能正常打开"失效事件,其中包括5次单个零件失效,两次2重失效(两个零件同时失效),一次3重失效(三个零件同时失效),还有26次成功事件。换句话说,在对零件的340(34 × 10)次试验中,共有12(5 × 1 + 2 × 2 + 1 × 3)个零件失效,显然,这些数据中既包含零件的失效概率信息,也包含系统相关失效信息。当估算零件失效概率时,单个零件失效事件与多重失效事件没有本质的区别,所有失效数据可以混合使用。因此,估算的零件失效概率根据式(7.51)为12/340 = 0.035。这是在概率风险分析中常用的方法。

对于这个系统失效概率预测问题,容易知道,$f_1(x_{e1})\Delta x_{e1} = 5/34$,$P(x_{e1}) = 0.067$,$f_1(x_{e2})\Delta x_{e2} = 2/34$,$P(x_{e2}) = 0.162$,等等(表7.1)。因此,这个系统的各阶共因失效概率都可以根据公式统一计算。

表7.1 共因失效数据与共因失效模型参数

失效阶数	事件数	$f_1(x_{ei})\Delta x_{ei}$	$P(x_{ei})$
0	26	0.765	0
1	5	0.147	0.067
2	2	0.059	0.162
3	1	0.029	0.259

图7.16所示为根据前述参数化模型估算的各阶失效概率与应用传统的独立失效模型估算的失效概率及观测值的比较。由图可以看出,与直接观测数据比较,即 $P^{0/10}_{观测} = 0.765$,$P^{1/10}_{观测} = 0.147$,$P^{2/10}_{观测} = 0.059$,$P^{3/10}_{观测} = 0.029$,这个模型的确得出了与观测值较为接近的结果。但独立失效模型对前两阶失效概率的估算也与观测值一致,但到三阶失效(三重失效)时,其估算结果就与观测值明显偏离了。这种误差趋势反映了失效阶次越高,共因失效的影响越大,独立失效模型的误差当然也就越大。系统可靠度的参数化模型是以可靠性数学为基础的,有较强的普适性。在得到了较低阶实验数据验证的前提下,能对较高阶的共因失效概率做出同样精确的预测。

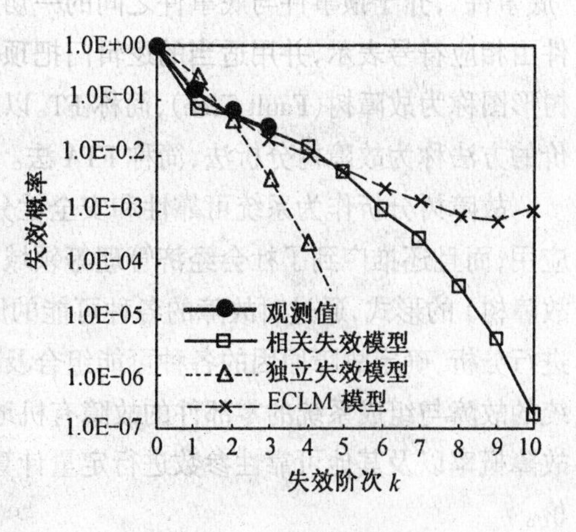

图7.16 模型比较

第8章 故障树分析

8.1 故障树分析方法概述

8.1.1 故障事件因果关系分析的演绎方法与归纳方法

故障树分析(Fault Tree Analysis,简称 FTA)是一种故障因果关系的演绎分析方法。它是通过寻找可能引起系统失效的各种原因,建立所涉及的原因与结果事件间的逻辑关系,确定故障原因的所有组合方式及发生概率的可靠性评价方法。对于比较复杂的系统,采用故障树分析能够方便地分析出系统失效的可能机理,并定量求出失效概率。

故障树分析方法是把系统最不希望发生的事件(状态)作为系统故障的分析目标,首先寻找直接导致这一状态发生的全部因素,作为二级事件(中间事件),再跟踪找出造成二级事件发生的全部直接因素,直到无须再深究其原因事件发生的原因为止。通过分析,找出不希望状态发生的所有可能途径。

在故障树分析中,把这个最不希望发生的事件称为"顶事件",无须再深究的事件称为"底事件",介于顶事件与底事件之间的一切事件称为"中间事件"。在分析过程中,这些事件由相应符号表示,并用适当的逻辑门把顶事件、中间事件和底事件联结成树形图。这种树形图称为故障树(Fault Tree),简称 FT。以故障树为工具对系统故障发生的原因进行评价的方法称为故障树分析法,简称 FTA 法。

故障树分析作为系统可靠性和安全性分析的有效方法,不仅在许多工业领域内得到应用,而且还推广到了社会经济管理等领域。FTA 是一种图形演绎方法,它以逻辑框图(即故障树)的形式,通过对故障的各种可能的原因(包括硬件、软件、环境和人为因素)逐级进行分析,确定故障原因的各种可能组合及其发生概率。在清晰的故障树图形中,能把系统的故障与组成系统的零部件的故障有机地联系起来。借助于故障树可以对复杂系统的故障概率以及其他可靠性参数进行定量计算,从而对系统的可靠性、安全性和风险做出评价。

8.1.2 故障树分析方法的特点与应用

故障树分析方法的主要特点如下:

(1)FTA 法具有很大的灵活性,可用于分析系统的各种故障状态,可用于分析零部件故障对系统的影响,也可以对导致零部件故障的具体原因(例如环境的,甚至人为的原因)

进行分析，统一考虑。

(2)FTA法是一种图形演绎法，形象、直观，它是对故障事件因果关系的逻辑推理方法。它可以围绕特定的故障状态进行层层深入的分析，在清晰的故障树图形中，可以表达系统功能的内在联系，以及零部件故障与系统故障之间的逻辑关系，有助于找出系统的薄弱环节。

(3) 进行故障树分析的过程，也是一个对系统深入认识的过程，它要求分析人员把握系统中各组成部分在功能上的联系，弄清各种潜在因素对故障产生影响的方式和程度，因而许多问题在分析的过程中就被发现和解决。

(4) 故障树是由各种逻辑门和事件构成的逻辑图，可以方便地应用计算机辅助建树和分析。

(5) 通过FTA法可以定量地计算复杂系统的故障概率及其他可靠性参数，为改善和评价系统可靠性提供定量数据。

(6)FTA法不仅可用于解决工程技术中的可靠性问题，而且也可用于解决经济管理的系统工程问题。对不曾参与系统设计的管理和维修人员来说，故障树相当于一个形象的管理维修指南，因此对培训使用系统的人员很有价值。

FTA法在系统寿命周期任何阶段都可采用。在早期设计阶段，用FTA法的目的是确定故障模式，并在设计中进行改进；在详细设计和样机生产后、批量生产前的阶段，用FTA法可以分析所制造的系统是否满足可靠性与安全性的要求。

8.1.3 故障树分析方法的步骤

如前所述，FTA法的是把系统不希望发生的失效事件作为故障树的顶事件，层层分析，找出导致顶事件发生的所有可能直接和间接原因事件(中间事件)，直到找出事件的源头，即顶事件发生的基本原因(底事件) 的演绎分析方法。其基本步骤如下：

(1) 确定顶事件、系统的分析边界和定义范围，并且确定成功与失败的准则。

(2) 建造故障树，建立顶事件、中间事件与底事件之间的逻辑关系，绘制树状图。

(3) 对故障树进行简化或模块化。

(4) 定性分析，求出故障树的全部最小割集与最小路集。

(5) 定量分析，计算顶事件发生的概率、重要度分析和灵敏度分析等。

8.2 故障树名词术语和符号

8.2.1 事件

(1) 顶事件。顶事件就是作为分析目标的故障事件，它位于故障树的顶端，因此它总是逻辑门的输出，而不可能是任何逻辑门的输入。通常在故障树中顶事件用“矩形” 符号表示。故障树顶事件因分析的问题的不同而有所不同。在用故障树计算事件树节点处的分支概率时,故障树顶事件就是系统的失效或功能的失效,但也可以是其他不希望发生的事件。

(2) 底事件。故障树的底层的事件称为底事件,它是某个逻辑门的输入事件,在故障树中不进一步向下发展。底事件通常用"圆形" 符号表示。底事件主要包括基本事件和待发展事件。基本事件代表着不需要进一步发展的独立的一次失效事件。待发展事件是由于某种原因还没有进一步发展的失效事件,它只是一个假定的一次失效事件。当有了足够信息或需要时,可以将待发展事件做进一步的发展。特别在为事件树的前沿系统建立故障树时,支持系统的失效可以处理成一个待发展事件。

(3) 基本事件。不需要进一步分析其发生原因的事件,例如基本零部件故障、人为失误、环境因素等均属于基本事件。底事件也是基本事件,它的发生概率一般是已知的、已经有统计或实验的结果,或者不需要进一步分析其失效原因。

(4) 中间事件。顶事件和底事件之外的其他结果事件均属于中间事件,它位于顶事件和底事件之间,是某个逻辑门的输出事件,同时又是另一个逻辑门的输入事件。通常也用"矩形" 符号表示。

除了上述的几种事件之外,还有条件事件等其他事件,由于这些事件在静态故障树中不常用,故不再详述。

8.2.2 故障树符号

故障树中使用的符号有三类:事件符号、逻辑门符号和转移符号。故障树符号表示法及其含义如表 8.1 所示。

表 8.1 故障树符号及其含义

分类	符 号	名称与含义
事件符号	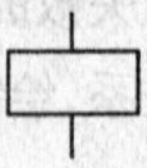	结果事件:它又分为顶事件和中间事件,是由其他事件或事件组合导致的事件。在框内注明故障定义,其下与逻辑门连接,再分解为中间事件或底事件
		底事件:底事件是基本故障事件(不能再行分解) 或不需要再探明的事件,但一般它的故障分布是已知的,是导致其他事件发生的原因事件,故位于故障树的底端,是逻辑门的输入事件而不能作为输出事件
	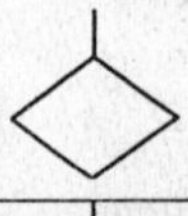	省略事件:省略事件又称未展开事件或未探明事件,其发生的概率较小,因此对此系统来说是不需要进一步分析的事件,或暂时不必或暂时不可能探明其原因的底事件
	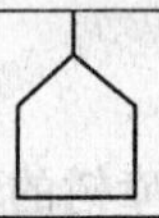	条件事件:条件事件是可能出现也可能不出现的故障事件,当给定条件满足时这一事件就成立,否则不成立则删去

续表 8.1

分类	符号	名称与含义
逻辑门符号	A AND $B_1 B_2 \cdots B_n$	与门:与门表示输出与输入之间的逻辑“与”关系,即仅当输入事件 $B_1,B_2,\cdots,B_n$ 同时全部发生时,输出事件 A 才发生,相应逻辑关系表达式为 $A = B_1 \cap B_2 \cap \cdots \cap B_n$
	A OR $B_1 B_2 \cdots B_n$	或门:或门表示输出与输入之间的逻辑“或”关系,即当输入事件 $B_i(i = 1,2,\cdots,n)$ 中至少有一个输入事件发生,输出事件 A 就发生,相应的逻辑关系表达式为 $A = B_1 \cup B_2 \cup \cdots \cup B_n$
	顺序条件 A B_1先于B_2,… $B_1 B_2 \cdots B_n$	顺序与门:在与门的诸输入事件中,必须按一定顺序(一般自左至右)依次发生,输入事件 A 才发生,在图片右边的框中应写明顺序条件,例如 B_1 先于 B_2,……
	A k/n $B_1 B_2 \cdots B_n$	表决与门:仅当在 n 个输入事件中至少有任意 k 个事件发生时,输出事件 A 才发生
	A 不同时发生条件 B_1 B_2	异或门:异或门表示或门中输入事件是互斥的,即仅当一个输入事件发生时,输出事件才发生,相应的逻辑关系式为:当输入事件为 B_1,B_2 时,$A = (B_1 \cap \overline{B_2}) \cup (\overline{B_1} \cap B_2)$
	A 禁止条件 B	禁门:仅当条件事件发生时,输入事件的发生才能导致输出事件的发生,否则若禁止条件不成立,即使有输入事件发生,也不会有输出事件发生
转移符号	转入 转出	转入符号与转出符号:表示事件的转移,将故障树的某一完整部分(子树)转移到另一处复用,以减少重复并简化故障树。用转入符号(或称转此符号)、转出符号(或称转向符号)加上相应的标号,分别表示从某处转入或转到某处

除了表中几种符号之外,还有逻辑禁门、功能触发门、优先与门、顺序门、冷储备门、热储备门等符号在动态故障树中使用。

8.3 建立故障树的原则

建立故障树,就是首先选定系统故障作为分析目标(顶事件),然后找出直接导致顶事件发生的各种可能原因及其组合,进一步分析下一层次的原因,并逐级向下演绎,直到找出有关事件的基本原因(基本事件)为止。建造故障树时要注意顶事件的合理选择、故障事件和问题边界的准确定义等。

任何需要分析的系统故障，只要是可以分解且有明确定义的，都可作为顶事件。因此，对一个系统来说，顶事件不是唯一的。通常，把系统最不希望发生的故障作为系统故障树的顶事件。

确定了顶事件之后，将其作为故障树分析的起始端，先找出导致顶事件发生的所有可能的直接原因，作为第一级中间事件。将这些事件用相应的符号表示并用适当的逻辑门符号与上一级事件连接，然后，再找出导致第一级中间事件发生的所有可能的直接原因，作为第二级中间事件。这些事件也用相应的符号表示并用适当的逻辑门符号与其上一级事件连接。依此类推，逐级向下发展，直到找出不需要再追究下去的基本原因作为底事件，就完成了故障树的建立。建立故障树应注意以下几点：

(1) 选择建树流程时，通常以系统功能为主线分析所有故障事件，并将演绎逻辑贯穿始终。

(2) 合理选择和确定系统及单元的边界。

(3) 故障事件定义要明确，描述要具体。

(4) 系统中各事件间的逻辑关系和条件必须清晰，不允许逻辑混乱或条件矛盾。

(5) 故障树应尽量简化，去掉逻辑上多余的事件，以方便定性、定量分析。

8.4 故障树结构函数

这里主要介绍单调关联系统(Coherent System)故障树的结构函数。所谓单调关联系统是指系统中每个部件都与系统有关。也就是说，任一部件的状态由正常(故障)变为故障(正常)，不会使系统的状态由故障(正常)变为正常(故障)。通常，不带反相器和不带负反馈的系统都属于单调关联系统。

单调关联系统具有如下性质：

(1) 系统中的每个部件对系统的可靠性都有一定的影响。

(2) 系统中所有部件失效，则系统一定失效，反之，所有部件正常，则系统一定正常。

(3) 系统中故障部件的修复不会使系统由正常转为故障，反之，正常部件的故障不会使系统由故障转为正常。

(4) 任何一个单调关联系统的故障概率不会比由相同部件构成的串联系统更高，也不会比由相同部件构成的并联系统更低。

简言之，单调关联系统就是不存在与系统无关的部件的单调系统。在进行可靠性分析时，经布尔运算，无关部件会自然去除。

任何一个静态单调关联系统的故障树，均可化为只含与门和或门以及底事件的基本故障树，并用结构函数写出故障树的数学表达式。由于结构函数与时间无关，因此具有动态时序的动态单调系统的故障树不能用结构函数表示，而需要用马尔可夫状态转移理论。

考虑一个由 n 个部件组成的系统，把系统故障作为故障树的顶事件，记作 T；把各部件故障作为底事件，记作 $B_i, i = 1,2,\cdots,n$ 。假设系统和部件均只有正常和故障两种状态，因此可以用变量 $x_i(i = 1,2,\cdots,n)$ 来描述底事件 E_i 的状态，即

$$x_i = \begin{cases} 1 & \text{当底事件 } B_i \text{ 发生时} \\ 0 & \text{当底事件 } B_i \text{ 不发生时} \end{cases}$$

顶事件的状态是底事件状态的函数。可用 $\phi(\bar{X}) = \phi(x_1, x_2, \cdots, x_n)$ 描述顶事件 T 的状态,即

$$\phi(\bar{X}) = \begin{cases} 1 & \text{当顶事件 } T \text{ 发生时} \\ 0 & \text{当顶事件 } T \text{ 不发生时} \end{cases}$$

$\phi(\bar{X})$ 称为故障树结构函数。这里,事件发生对应于故障状态,事件不发生对应于正常状态。

故障树的顶事件是表示系统不希望发生的故障状态,即 $\phi(\bar{X}) = 1$。底事件(零件故障)状态用 $x_i = 1$ 表示。顶事件状态 $\phi(\bar{X})$ 由故障树中底事件状态 $x_i(i = 1,2,\cdots,n)$ 及其结构(如串联或并联)所决定,故障树的结构函数为

$$\phi(\bar{X}) = \phi(x_1, x_2, \cdots, x_n) \tag{8.1}$$

显然,并联结构(与门)的结构函数为

$$\phi(\bar{X}) = \bigcap_{i=1}^{n} x_i = \prod_{i=1}^{n} x_i = \min x_i \tag{8.2}$$

串联结构(或门)的结构函数为

$$\phi(\bar{X}) = \bigcup_{i=1}^{n} x_i = 1 - \prod_{i=1}^{n} (1 - x_i) = \max x_i \tag{8.3}$$

k/n 系统结构函数为

$$\phi(\bar{X}) = \begin{cases} 1 & \text{当} \sum_{i=1}^{n} x_i \geqslant k \\ 0 & \text{其余情况} \end{cases} \tag{8.4}$$

其故障树见图 8.1 所示。

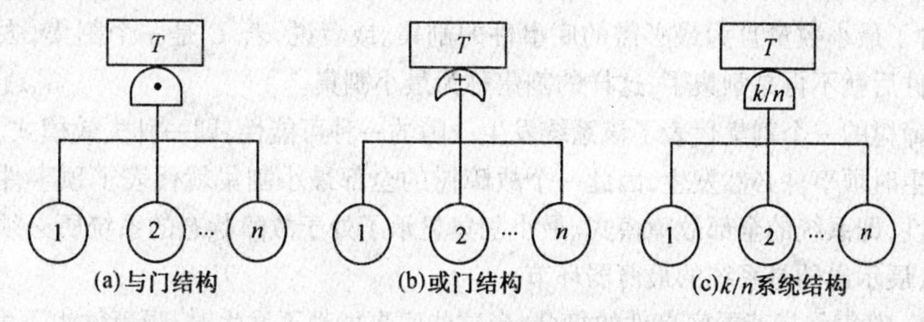

图 8.1 故障树结构函数示意图

较为复杂的系统故障树结构函数可以同理写出。例如,在图 8.2 所示的故障树结构函数中,顶事件的结构函数为

$$\phi(\bar{X}) = \{b \cap [d \cup (e \cap c)]\} \cup \{a \cap [c \cup (d \cap e)]\}$$

其中,a, b, c, d, e 表示零件故障状态。

一般情况下,当故障树给出后,就可以根据故障树直接写出结构函数,但这种表示法对于复杂系统而言,由于表达式繁杂而冗长,在实际计算中应用困难。

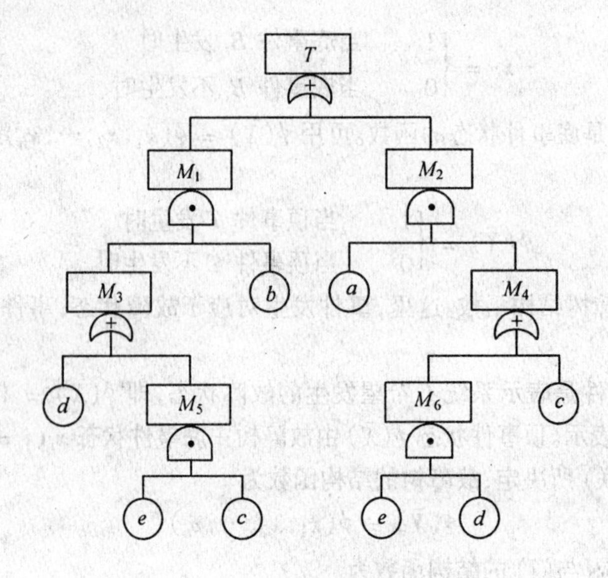

图 8.2 复杂故障树示意图

8.5 故障树分析

8.5.1 割集与路集

1. 割集与最小割集

(1) 割集。割集是指能使顶事件发生的若干底事件的集合，当这些底事件同时发生时顶事件必然发生，这样的集合称为割集。

(2) 最小割集。如果割集中的任一底事件不发生时顶事件即不发生，则称为最小割集。它是包含了最小数量且为最必需的底事件的割集。或者说，若 C 是一个割集，去掉其中任一底事件后就不再是割集了，这样的割集称为最小割集。

系统故障树的一个割集代表了该系统发生故障的一种可能性，即一种失效模式。由于最小割集发生时顶事件必然发生，因此一个故障树的全部最小割集就代表了顶事件发生的所有可能性，即系统的全部故障模式。最小割集显示了处于故障状态的系统所必须修复的基本故障，展示出的是系统的最薄弱环节。

(3) 路集。路集是指若干底事件的集合，当这些底事件都不发生时，顶事件也不发生。

(4) 最小路集。如果路集中的任一底事件发生，顶事件就一定发生，则称为最小路集。

故障树的定性分析一般是要找出系统故障树的最小割集。

2. 定性分析方法

故障树定性分析的目的是寻找导致顶事件发生的原因及其组合，识别导致顶事件发生的各种模式。通过故障树分析，可以查出潜在的故障，以便改进设计，也可以用于指导故障诊断，改进运行和维修方案。定性分析(找到系统的最小割集) 后，再进行定量计算，可删掉不起作用的割集，提高计算效率。求故障树最小割集的方法如下：

(1)Fussell - Vesely 算法。此算法从顶事件开始,向下逐级进行,故又称“下行法”。它是根据逻辑与门仅增加割集的容量,而逻辑或门才增加割集的个数这一性质,由上往下,遇到与门就把与门下面所有输入事件排列于同一行,遇到或门就把或门下的所有输入事件排列于同一列。依次类推,分解到底,这样得到的基本事件的集合就是割集,但不一定是最小割集。

对图 8.3 所给定的故障树,求最小割集的步骤如下:

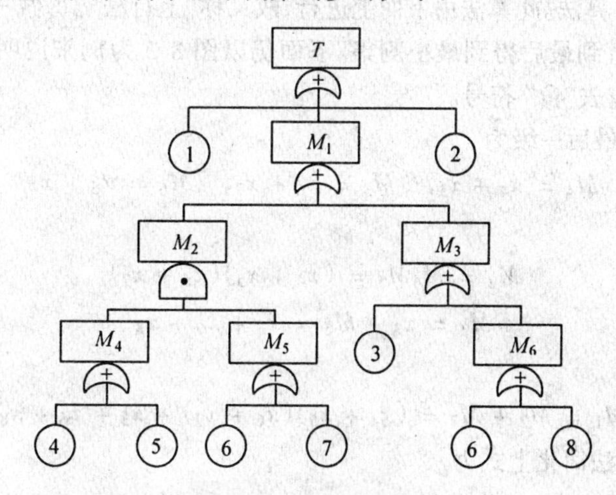

图 8.3 故障树举例

① 顶事件为 T 下面为或门,因此将它的输入 1,2,M_1 排成列,置换 T(步骤 Ⅰ)。

② 基本事件 1,2 不再分解,M_1 事件下为或门,将其输入 M_2,M_3 排成一列,置换 M_1(步骤 Ⅱ)。

③M_2 事件下为与门,故将其输入 M_4,M_5 排成一行,置换 M_2(步骤 Ⅲ)。

④ 如此进行下去,在最后一步得到一列全部由基本事件表示的 9 个割集:{1},{2},{4,6},{4,7},{5,6},{5,7},{3},{6},{8},如表 8.2 所示。

表 8.2 下行法步骤

Ⅰ	Ⅱ	Ⅲ	Ⅳ	Ⅴ	Ⅵ
1	1	1	1	1	1
2	2	2	2	2	2
M_1	M_2	M_4,M_5	M_4,M_5	4,M_5	4,6
—	M_3	M_3	3	5,M_5	4,7
—	—	—	M_6	3	5,6
—	—	—	—	M_6	5,7
—	—	—	—	—	3
—	—	—	—	—	6
—	—	—	—	—	8

⑤ 检查它们是否是最小割集。如不是,则需进行布尔吸收操作(例如,等幂律 $x \cdot x = x$ 和吸收律 $x + xy = x$),求得最小割集。经过布尔吸收,本例的最小割集为{1},{2},{4,7},{5,7},{3},{6},{8},其结构函数为

$$\phi(\bar{X}) = x_1 \cup x_2 \cup (x_4 \cap x_7) \cup (x_5 \cap x_7) \cup x_3 \cup x_6 \cup x_8$$

$$(x_i, i = 1,2,\cdots,n \text{ 表示底事件 } i)$$

(2)Semanderes 算法。此算法由下而上进行,故又称"上行法"。每做一步都利用集合运算规则进行简化,直到最后得到最小割集。下面仍以图 8.3 为例来说明,为书写方便,用"+"代替"∪",且省去"∩"符号。

图 8.3 故障树最后一级为

$$M_4 = x_4 + x_5, \quad M_5 = x_6 + x_7, \quad M_6 = x_6 + x_7$$

往上一级为

$$M_2 = M_4M_5 = (x_4 + x_5)(x_6 + x_7)$$

$$M_3 = x_3 + M_6 = x_3 + x_6 + x_8$$

再往上一级为

$$M_1 = M_2 + M_3 = (x_4 + x_5)(x_6 + x_7) + x_3 + x_6 + x_8$$

利用集合运算法简化上式为

$$M_1 = M_2 + M_3 = x_4 x_7 + x_5 x_7 + x_3 + x_6 + x_8$$

最上一级为

$$T = x_1 + x_2 + M_1 = x_1 + x_2 + x_4 x_7 + x_5 x_7 + x_3 + x_6 + x_8$$

此方法与下行法的区别是将布尔吸收放到每一步中进行,结果与下行法是相同的。

8.5.2 故障树定量分析

故障树定量分析的目的是利用故障树作为计算模型,在已知底事件发生概率的条件下,计算顶事件(一般是系统失效)发生的概率。

假设故障树的顶事件及相互独立的全部底事件均只有"不发生"和"发生",亦即"正常"和"故障"两种状态,根据底事件发生的概率,由下向上按故障树的逻辑结构逐级计算,即可求得顶事件发生的概率。

1. 与门结构的输出事件发生概率

$$P(X) = \prod P(x_i) \tag{8.5}$$

式中 X——输出事件;

x_i——输入事件。

2. 或门结构的输出事件发生概率

$$P(X) = 1 - \prod [1 - P(x_i)] \tag{8.6}$$

3. 最小割集事件发生概率

假设已求得故障树的所有最小割集为 $C_1, C_2, \cdots, C_l$(l 为最小割集阶数),并且已知基

本事件 $x_1, x_2, \cdots, x_{n_l}$（$n_l$ 为第 l 个割集中的底事件数）的发生概率为 p_i，则最小割集的失效概率为

$$P(C_j) = P(x_1 \cap x_2 \cap \cdots \cap x_n) = \prod_{i=1}^{n_l} p_i \quad (0 < j \leqslant l) \tag{8.7}$$

顶事件 T 发生的概率 $P(T)$ 为

$$P(T) = P\{\bigcup_{j=1}^{l} C_j\} \tag{8.8}$$

$P(T)$ 的计算分三种情况

① 当 $C_1, C_2, \cdots, C_l$ 为独立事件时，则

$$P(T) = 1 - \prod_{j=1}^{l} (1 - P_{Cj}) \tag{8.9}$$

式中，P_{Cj} 为最小割集 C_j 的失效概率。

② 当 $C_1, C_2, \cdots, C_l$ 为相斥事件时，则

$$P(T) = \sum_{j=1}^{l} P_{Cj} \tag{8.10}$$

③ 当 $C_1, C_2, \cdots, C_l$ 为相容事件时，必须进行不交化。可以采用容斥定理进行最小割集的不交化。因此，在假定基本事件 $x_1, x_2, \cdots, x_n$ 互相独立的条件下，可利用容斥定理

$$P(T) = P(\bigcup_{i=1}^{l} C_i) = \sum_{i=1}^{l} P(C_i) - \sum_{i<j=2}^{l} P(C_i C_j) + \sum_{i<j<k=3}^{l} P(C_i C_j C_k) + \cdots + (-1)^{m-1} P(\bigcap_{i=1}^{l} C_i) \tag{8.11}$$

容斥定理公式有 $2^l - 1$ 项，l 为最小割集数。l 不能太多，否则无法计算。当 $l = 40$ 时，$2^{40} - 1 \approx 1.1 \times 10^{12}$，出现所谓“组合爆炸”问题。由于复杂系统的组成部件经常是成百上千，因而最小割集的数目大于 40 的情况很多。在工程上，当基本事件的故障概率很小时（实际情况经常如此），可以忽略高次项，采用近似公式求 $P(T)$，即

$$F_s = P(T) = P(\bigcup_{i=1}^{l} C_i) \approx \sum_{i=1}^{l} P(C_i) - \sum_{i<j=2}^{l} P(C_i C_j) + \sum_{i<j<k}^{l} P(C_i C_j C_k) \tag{8.12}$$

4. 重要度

重要度分析是故障树定量分析中的重要组成部分。重要度是一个部件或者系统的割集发生失效时对顶事件发生概率的贡献，它是时间、部件的可靠性参数以及系统结构的函数，在系统的设计、故障诊断和优化设计等方面都需要用到。例如，可以估计由部件可靠度参数的变化所导致的系统可用度的变化；可以按部件重要度顺序进行检查、维修和发现故障，并改进重要度较大的部件，从而提高系统的可靠性。

部件可以有多种失效模式，在故障树中，每一种失效模式对应一个基本事件。本节所介绍的重要度的定义和计算方法均系基本事件重要度的定义和计算方法，部件重要度应等于它所包括的基本事件重要度之和。当部件只有一种失效模式时，部件重要度等于基本事件重要度。为简单起见，假设部件只含一种失效模式。

首先介绍“系统的临界状态”和“关键部件”两个概念。

(1) 关键部件

由 n 个部件构成的两状态系统，系统的可能状态数为 2^n 个，这 2^n 个状态包括系统正常状态和系统故障状态。或者说，系统有 2^n 个微观状态，2 个宏观状态。由于在同一瞬间，两个或两个以上的部件状态同时发生变化的可能性相对较低，可以忽略。因此，并非 2^n 个微观状态都能直接引发宏观状态变化，而只有其中某些特殊状态才能直接引发宏观状态变化。这些特殊状态称为系统的临界状态。任何非临界状态的微观状态都必须首先变成临界状态，然后才能引发宏观状态变化。下面，把系统宏观状态变化简称系统状态变化。系统的临界状态又可以定义为，当且仅当某一个部件状态变化即导致系统状态变化，就称系统处于一种临界状态；当且仅当其状态变化即导致系统状态变化的部件，称为该临界状态的关键部件。

如前所述，并非系统的所有微观状态都属于临界状态，仅仅其中某些特殊的微观状态属于临界状态。例如，一个两部件并联系统，有 4 个微观状态，其中(0,1)、(1,0)、(0,0) 属于系统正常状态，(1,1) 属于系统故障状态，(0,0) 状态不可能直接变为(1,1) 状态，因此它不是临界状态。

一个临界状态可以对应若干个关键部件，反之，一个关键部件也可以对应于若干个临界状态。

(2) 概率重要度 $I_i^{\mathrm{Pr}}(t)$ 和结构重要度 $I_i^{\mathrm{St}}(t)$

重要度是故障树分析的一个重要指标，常用的重要度有概率重要度和结构重要度，前者表示底事件发生概率对顶事件的影响程度，而后者表示底事件在故障树结构中所占的地位而产生的影响程度。

5. 概率重要度 $I_i^{\mathrm{Pr}}(t)$

如前所述，系统故障的结构函数为

$$\phi(X) = \phi(x_1, x_2, \cdots, x_n)$$

由结构函数分解公式得

$$\phi(X) = x_i\phi(1_i, X) + (1 - x_i)\phi(0_i, X) \tag{8.13}$$

对上式两边取数学期望，因 x_i 和 $\phi(1_i, X)$，$(1 - x_i)$ 和 $\phi(0_i, X)$ 相互独立，由数学期望的性质，得

$$\mathrm{E}[\phi(X)] = F_i \cdot \mathrm{E}[\phi(1_i, X)] + (1 - F_i) \cdot \mathrm{E}[\phi(0_i, X)] \tag{8.14}$$

其中 F_i 是 x_i 的数学期望，即

$$F_i = \mathrm{E}x_i = 1 \cdot Pr(x_i = 1) + 0 \cdot Pr(x_i = 0) = Pr(x_i = 1) \tag{8.15}$$

同样

$$\mathrm{E}[\phi(X)] = 1 \cdot Pr(\phi(X) = 1) + 0 \cdot Pr(\phi(X) = 0) = Pr(\phi(X) = 1) = g(F) \tag{8.16}$$

最后一个等号是定义 $Pr(\phi(X) = 1)$ 为 $g(F)$，所以

$$F(t) = (F_1, F_2, \cdots, F_n) \tag{8.17}$$

综合式(8.1) 和(8.14) 得

$$g(F) = F_i g(1_i, F) + (1 - F_i) g(0_i, F) \tag{8.18}$$

上式两边取偏导数,得

$$\frac{\partial g(F)}{\partial F_i} = g(1_i, F) - g(0_i, F) \tag{8.19}$$

一般习惯令

$$Q_i = F_i \tag{8.20}$$

得

$$\frac{\partial g(Q)}{\partial Q_i} = g(1_i, Q) - g(0_i, Q) \tag{8.21}$$

当系统为不可修复系统时,Q 为不可靠度,可修复时为不可用度。

概率重要度定义为

$$I_i^{\mathrm{Pr}}(t) = \frac{\partial g(Q)}{\partial Q_i} = g(1_i, Q) - g(0_i, Q) \tag{8.22}$$

以上为概率重要度的数学意义,它可以解释为 i 部件的概率重要度就是 i 部件状态取 1 值时顶事件概率与 i 部件状态取 0 值时顶事件概率之差。其物理含义可以通过下面的例子说明。

设有 2/3 表决系统,其结构函数为

$$\phi = x_1 x_2 + x_2 x_3 + x_1 x_3$$

显然这也是最小割集表达形式,不交化后为

$$\phi = x_1 x_2 + x_1' x_2 x_3 + x_1 x_2' x_3$$

顶事件概率表达式为

$$g = Q_1 Q_2 + (1 - Q_1) Q_2 Q_3 + Q_1 (1 - Q_2) Q_3 \tag{8.23}$$

由上式可得

$$\begin{aligned} g(1_1, Q) &= Q_2 + (1 - Q_2) Q_3 \\ g(0_1, Q) &= Q_2\, Q_3 \\ g(1_1, Q) - g(0_1, Q) &= Q_2 + (1 - Q_2) Q_3 - Q_2\, Q_3 \end{aligned} \tag{8.24}$$

对式(8.23)取偏导数,即

$$\frac{\partial g}{\partial Q_1} = Q_2 + (1 - Q_2) Q_3 - Q_2 Q_3 \tag{8.25}$$

比较式(8.24)和(8.25),显然有

$$\frac{\partial g}{\partial Q_1} = g(1_1, Q) - g(0_1, Q)$$

将式(8.25)展开,得

$$\frac{\partial g}{\partial Q_1} = Q_2 + Q_3 - Q_2 Q_3 - Q_2 Q_3 \tag{8.26}$$

已知 $g(1_1, Q)$ 的物理意义为:当部件 1 失效($Q_1 = 1$,$(1 - Q_1) = 0$)时系统失效的概率;$g(0_1, Q)$ 的物理意义为:当部件 1 不失效($Q_1 = 0$,$(1 - Q_1) = 1$)时系统失效的概率。

那么 $g(1_1,Q)-g(0_1,Q)$ 就是当且仅当部件1失效时系统失效的概率。对于3取2系统，很容易从直观上知道，当且仅当部件1失效，系统失效的状态为$(x_2=0,x_3=1)$或$(x_2=1,x_3=0)$，那么相应的概率应为$(1-Q_2)Q_3+Q_2(1-Q_3)$，而

$$(1-Q_2)Q_3+Q_2(1-Q_3)=Q_2+Q_3-Q_2Q_3-Q_2Q_3 \tag{8.27}$$

这与式(8.26)的结果相同，说明部件1的概率重要度的物理意义为：当且仅当部件1失效系统即失效状态的概率。

由上例的分析，不难得到一般性的结论，部件 i 概率重要度 $I_i^{\text{Pr}}(t)$ 的物理意义为：系统处于当且仅当部件 i 失效系统即失效状态的概率。

例 8.1 试计算两部件串联、两部件并联和2/3冗余系统的概率重要度，设时间和失效率数据如下：$t=20\ \text{h},\lambda_1=0.001\ \text{h}^{-1},\lambda_2=0.002\ \text{h}^{-1},\lambda_3=0.003\ \text{h}^{-1}$。

解 由题设，三部件的不可靠度分别为

$$Q_1=1-\mathrm{e}^{-\lambda_1 t}=1-\mathrm{e}^{-0.001\times 20}=1.980\,13\times 10^{-2}$$

$$Q_2=1-\mathrm{e}^{-\lambda_2 t}=3.921\,06\times 10^{-2}$$

$$Q_3=1-\mathrm{e}^{-\lambda_3 t}=5.823\,55\times 10^{-2}$$

对于两部件串联系统，有

$$g=Q_1+Q_2-Q_1Q_2$$

$$I_1^{\text{Pr}}=\frac{\partial g}{\partial Q_1}=1-Q_2=9.607\,89\times 10^{-1}$$

$$I_2^{\text{Pr}}=\frac{\partial g}{\partial Q_2}=1-Q_1=9.801\,99\times 10^{-1}$$

对于两部件并联系统，有

$$g=Q_1Q_2$$

$$I_1^{\text{Pr}}=\frac{\partial g}{\partial Q_1}=Q_2=3.921\,06\times 10^{-2}$$

$$I_2^{\text{Pr}}=\frac{\partial g}{\partial Q_2}=Q_1=1.980\,13\times 10^{-2}$$

对于2/3冗余系统，有

$$g=Q_1Q_2+Q_2Q_3+Q_1Q_3-2Q_1Q_2Q_3$$

$$I_1^{\text{Pr}}=\frac{\partial g}{\partial Q_1}=Q_2+Q_3-2Q_2Q_3=9.287\,92\times 10^{-2}$$

$$I_2^{\text{Pr}}=\frac{\partial g}{\partial Q_2}=Q_1+Q_3-2Q_1Q_3=7.573\,05\times 10^{-2}$$

$$I_3^{\text{Pr}}=\frac{\partial g}{\partial Q_3}=Q_1+Q_2-2Q_1Q_2=5.745\,91\times 10^{-2}$$

6. 结构重要度 $I_i^{\text{St}}(t)$

部件结构重要度是其概率重要度的一种特殊条件下的结果，当 $Q_i=1/2$ 时，表明所有部件的失效概率都是一样的，因此这时部件的概率重要度只描述了部件在系统结构上的重要性，即

$$I_i^{St} = \frac{\partial g}{\partial Q_i}\bigg|_{Q_1 = Q_2 = \cdots = Q_n = 0.5}$$

例 8.2 试计算两部件串联、两部件并联和 2/3 冗余系统的结构重要度。

解 对于两部件串联系统,有

$$I_1^{St} = \frac{\partial g}{\partial Q_1} = 1 - Q_2 = \frac{1}{2}$$

$$I_2^{St} = \frac{\partial g}{\partial Q_2} = 1 - Q_1 = \frac{1}{2}$$

对于两部件并联系统,有

$$I_1^{St} = \frac{\partial g}{\partial Q_1} = Q_2 = \frac{1}{2}$$

$$I_2^{St} = \frac{\partial g}{\partial Q_2} = Q_1 = \frac{1}{2}$$

对于 2/3 冗余系统,有

$$I_1^{St} = \frac{\partial g}{\partial Q_1} = Q_2 + Q_3 - 2Q_2Q_3 = \frac{1}{2}$$

$$I_2^{St} = \frac{\partial g}{\partial Q_2} = Q_1 + Q_3 - 2Q_1Q_3 = \frac{1}{2}$$

$$I_3^{St} = \frac{\partial g}{\partial Q_3} = Q_1 + Q_2 - 2Q_1Q_2 = \frac{1}{2}$$

三种系统的所有部件的结构重要度都相等,这是在意料中的。因为结构重要度只和部件在结构中的地位有关,和部件失效概率大小无关,而三种系统中所有部件在结构中地位均相同,故它们的机构重要度相等。

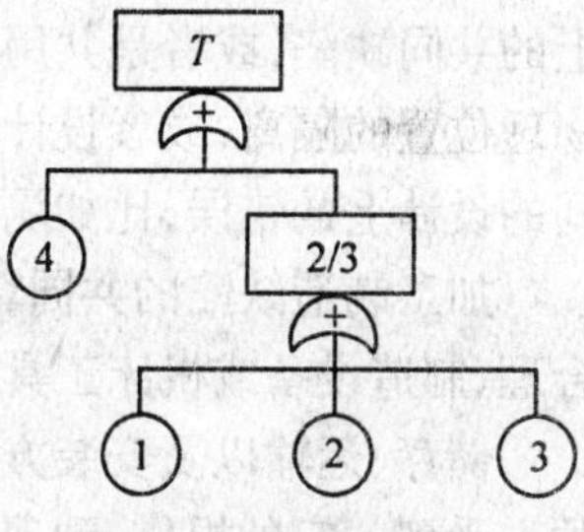

图 8.4 例 8.3 系统

例 8.3 试计算图 8.4 所示系统各部件结构重要度。

解 该系统有四个最小割集,分别是 $x_4, x_1x_2, x_1x_3, x_2x_3$,所以

$$\phi(X) = x_4 + x_4'x_1x_2 + x_4'x_1x_2'x_3 + x_4'x_1'x_2x_3$$

$$g = Q_4 + (1 - Q_4)Q_1Q_2 + (1 - Q_4)Q_1(1 - Q_2)Q_3 + (1 - Q_4)(1 - Q_1)Q_2Q_3$$

$$I_4^{St} = \frac{\partial g}{\partial Q_4}\bigg|_{Q_i = 0.5} = 1 - Q_1Q_2 - Q_1(1 - Q_2)Q_3 - (1 - Q_1)Q_2Q_3 =$$

$$1 - \frac{1}{4} - \frac{1}{8} - \frac{1}{8} = \frac{1}{2}$$

$$I_1^{St} = \frac{\partial g}{\partial Q_1}\bigg|_{Q_i = 0.5} = (1 - Q_4)Q_2 + (1 - Q_4)(1 - Q_2)Q_3 - (1 - Q_4)Q_2Q_3 =$$

$$\frac{1}{4} + \frac{1}{8} - \frac{1}{8} = \frac{1}{4}$$

由于部件 2、3 和部件 1 在结构中的地位相同,它们的结构重要度应相等,故

$$I_2^{St} = I_3^{St} = I_1^{St} = \frac{1}{4}$$

8.6 共因失效分析

在单调关联系统的故障树分析中，通常假定底事件是相互独立的。实际上，在许多情况下都存在彼此相关的底事件。共因失效（Common Cause Failure，简称CCF）事件就是无法显式地表示于系统逻辑模型中的、对系统失效具有重要影响的零件之间的相关失效形式。美国压水堆风险评价报告WASH - 1400中曾经提到，有些系统的故障树顶事件概率，其考虑共因失效事件计算的结果，比按假设事件独立计算的结果要大两个数量级。可见在FTA中计入实际存在的相关事件的影响是极为必要的，否则可能使得整个故障树的分析结果失真。

相关事件一般发生在下列情形：

(1) 采用储备冗余来改进系统的可靠性。当一个工作元件失效时，储备元件投入工作，使得冗余系统能够继续运行。这样，一个元件的失效就使得一个储备元件加上负荷而变得更易于失效，即一个元件的失效影响到另一元件的故障特性，所以元件的失效不再是独立的。

(2) 共同原因导致的失效。由于同一种原因造成系统中多个部件同时失效称之为共因失效，这种多部件的失效事件是一种相关事件。冗余系统中，当存在共同失效因素时，系统的可靠性将会大大地降低。工程经验显示，造成失效的共同原因有设计缺陷、加工制造缺陷、储存、运输、安装错误、误操作、环境变化等。

设计缺陷包括两方面情况：一种是系统内在设计上的错误，例如备用设备中存在设计上的共同缺陷，或者是共用同一支撑设备（如电源），或者在冗余部件单元之间缺少必要的物理位置的隔离，或者设计人员对系统性能的判断错误等。另一种情况是指系统与系统之间的设计上的错误，比如隔离或布置上的不合理等。

加工制造缺陷的共同影响是指生产过程中质量控制方面的偏差，如材料不纯、公差不合理、制造设备或机床工具等方面不完善。

储存、运输以及安装方面的错误有运输过程中过负荷的振动或不合理的包装使设备预先受到一定的损伤。到现场后，由于安装上的不合理，未按要求正确安装，包括检查上的错误等都会使冗余设备存在共因失效的隐患。

操作人员的错误校对、检修和标定，不正确的操作和事故处理，记录错误等。

共同环境变化是指出现异常情况，如地震、火灾、洪水等。

(3) 由失效传播的影响而造成的因果性失效。一个部件失效以后，立即影响到另一些部件失效（例如，一组部件承受一个载荷，当其中一个部件失效后，使其余的部件所受的载荷增加，因而造成失效）。

(4) 不能同时发生的互斥事件也是一种相依事件，如多种故障模式存在的部件，某一时刻不可能同时出现两种相依的失效模式。

8.6.1 系统分析中共因失效模型

为了合理计算系统可靠性，在构建故障树阶段应先对系统进行分析，充分考虑以下情况:由部件本身固有的随机性能引起的失效,由外界环境引起的失效(如应力过大、人为错误、异常环境条件等),由错误的指令(错误的输入信号)而导致部件不能正常完成其功能等。考虑以上诸多因素,有显式建模方法和隐含建模方法。

1.显式建模方法

显式建模方法是将共因失效这种失效相关性直接建立在零件级,即故障树的最低层。具体有三种方法:

(1)直接将引起共因失效的原因事件作为基本事件建立的故障树的最低层。假定一个系统由三个部件A,B,C组成(见图8.5),这三个部件依次受下列因素影响:

$$A \leftrightarrow [D_1, D_2, D_3]$$

$$B \leftrightarrow [D_1, D_2]$$

$$C \leftrightarrow [D_1, D_3]$$

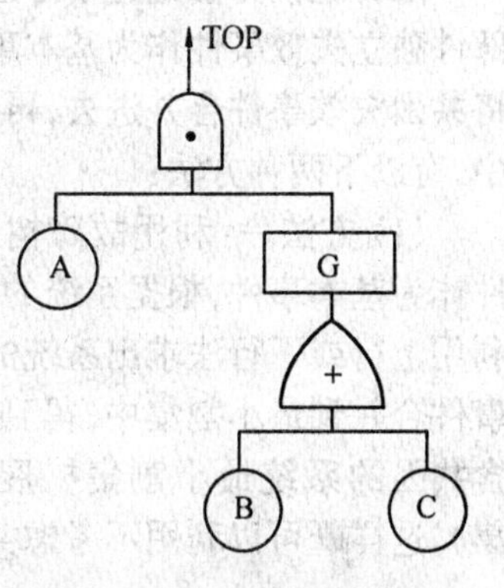

图8.5 三部件系统故障树

假设D_1为操作人员,D_2为异常温度,D_3为物理位置。将这些原因事件建立到故障树中去,如图8.6所示。这种建模方法的复杂性取决于原因事件的数量。

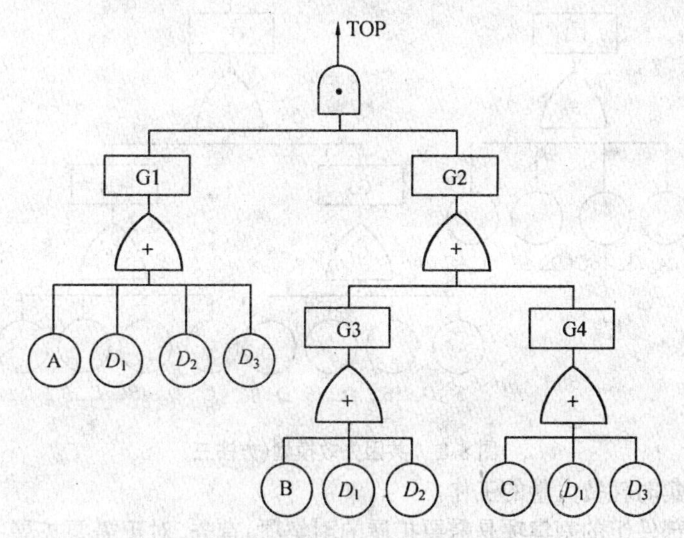

图8.6 共因失效模型(方法一)

(2)第二种方法是将原因事件建立成一个向量$[D_1, D_2, \cdots]$附加到基本事件共同作为故障树的基本事件,如图8.7所示。这种方法不改变基本故障树。

(3)第三种建立故障树的方法是将部件组的共因失效事件作为基本事件。例如三部件组成的系统受共同原因D的影响,其故障树模型如图8.8所示。故障树中A代表部件A单独失效事件,D_ABC代表由于共同原因D的作用,部件A,B,C同时失效事件。其他依次类推。

以上三种建模方法中所建立的故障树均可称为扩展故障树。这三种方法中,前两种方法在定性分析中十分有用。在数据比较充分的情况下,可采用第三种方法,可更全面地涵盖所有的相关信息。但随着信息量的增加,对于大型复杂系统,在计算最小割集时计算量会大大增大。

2. 隐含建模方法

隐含建模方法是先不考虑任何共因失效的影响，将各部件独立失效事件作为基本事件计算出系统可靠度，然后将共因失效事件合并进去，再将共因失效事件合并到系统中，有以下两种方法：

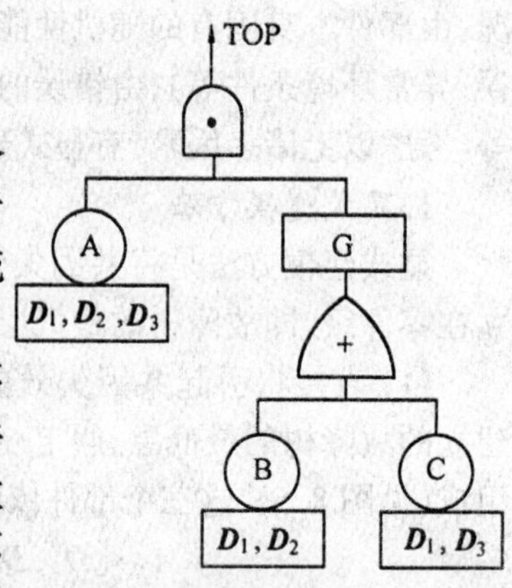

图 8.7 共因失效模型(方法二)

(1) 方法一：利用故障树技术，将各部件独立失效事件作为基本事件，根据系统的逻辑关系建立系统故障树并利用上行或下行法求出系统的最小割集。然后将共因失效事件合并到最小割集中，得到扩展最小割集(即直接从不含共因的系统最小割集扩展得到系统含共因的最小割集)。这样既可以利用不考虑共因失效时的计算结果，又避免了求最小割集时耗费大量的工作。

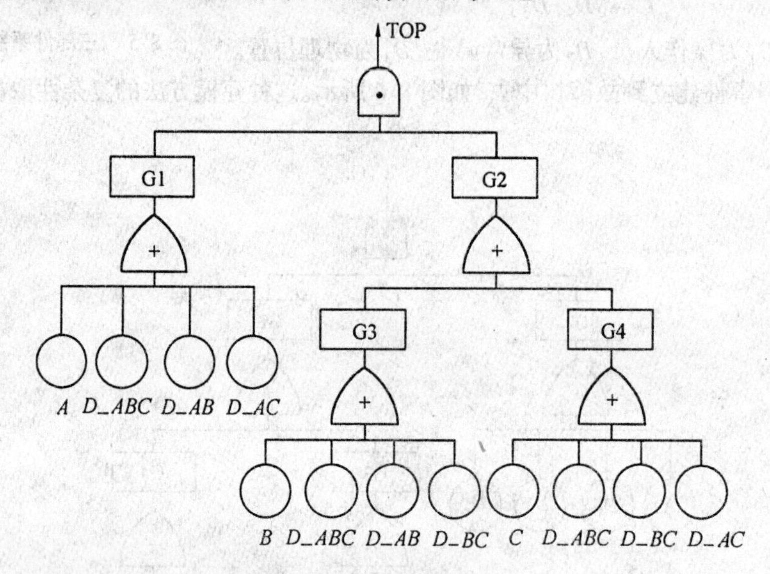

图 8.8 共因失效模型(方法三)

包含共因部件组的割集项是需要扩展的割集项。首先，对于需要扩展的部件，写出其扩展公式。例如对于共因部件组 A,B,C 有

$$A = A_I + C_{AB} + C_{AC} + C_{ABC}$$
$$B = B_I + C_{AB} + C_{BC} + C_{ABC}$$
$$C = C_I + C_{AC} + C_{BC} + C_{ABC}$$

其次，在扩展的过程中，先找出需要扩展的割集项。因为两重及两重以上的共因项很小，可以忽略，那么，在对割集进行扩展的时候，如果其中某个部件扩展中包含了一个共因项，其他有共因的部件要么取其独立项，要么取与这个部件共因项相同的共因项。

得到系统不含共因的最小割集之后，在进行扩展的时候，首先要把这些割集项按照包含共因部件的个数进行分类，例如，对于共因部件组 A,B,C,AB、AC 均包含两个共因部件。对于含不同个数的共因割集项分别做扩展。

对于一阶共因割集项的扩展,例如,属于共因部件组的 A,B,C,有

$$A = A_I + C_{AB} + C_{AC} + C_{ABC}$$

对于二阶共因割集项的扩展,例如 AB,由于

$$A = A_I + C_{AB} + C_{AC} + C_{ABC}$$

$$B = B_I + C_{AB} + C_{BC} + C_{ABC}$$

当 A 中取 A_I 时,B 中可以取所有的项,扩展得到 $A_I B_I, A_I C_{AB}, A_I C_{BC}, A_I C_{ABC}$。
当 A 中取共因项 C_{AB} 时,B 中要么取独立项 B_I,要么取与其相同的项 C_{AB},扩展后得到 $B_I C_{AB}$ 和 C_{AB}。其他阶共因割集项扩展结果类似上述方法。

(2) 方法二:不考虑共因失效,利用故障树或可靠性框图构造系统的逻辑关系,并求出系统的可靠度结构函数,然后将该结构函数转化成包含共因失效的可靠度结构函数。这种方法的使用范围要求满足以下两个假设:同一共因组的各构成部件在独立失效条件下,具有相同的概率分布;将同时失效的 j 个部件绑定在一起,假设其寿命服从某一统计规律。例如,用指数分布来描述该统计规律,对于 n 个部件中某指定j个部件的可靠度用P_j来表示,λ_j 表示j 个部件同时失效的失效率,则

$$P_j = \exp(-\lambda_j t) \tag{8.28}$$

假设某系统有 n 个部件组成,在考虑共因失效的情况下,某个指定部件的失效过程包括以下情况:① 该部件单独失效,即 n 个部件当中其余$n-1$个部件均完好;② 两个及两个以上个部件同时失效,当然这两个及两个以上的失效部件包括指定的部件,则在考虑共因失效之后,某个指定部件的可靠度为

$$R_n^{(1)}(t) = P_1^{C_{n-1}^0} \cdot P_2^{C_{n-1}^0} \cdot \cdots \cdot P_1^{C_{n-1}^{j-1}} = \prod_{j=1}^{n} P_j^{C_{n-1}^{j-1}} = \prod_{j=1}^{n} \exp(-\lambda_j t)^{C_{n-1}^{j-1}} \tag{8.29}$$

其中,C_{n-1}^i 表示 $n-1$个部件中的任意 i 个部件;P_j 表示n 个部件中某指定j 个部件的可靠度;λ_j 表示j 个部件同时失效的失效率。

令 $R_n^{(m)}(t)$ 表示事件 n 个部件中 m 个完好的概率,则

$$\begin{aligned} R_n^{(m)}(t) &= P\{S_1 \cap S_2 \cap \cdots \cap S_m ; t\} = \\ & P\{S_1;t\}P\{S_2 \mid S_1;t\}\cdots P\{S_m \mid S_1,S_2,\cdots,S_{m-1};t\} = \\ & R_n^{(1)}(t)R_{n-1}^{(1)}(t)\cdots R_{n-m+1}^{(1)}(t) = \prod_{j=n-m+1}^{n} R_j^{(1)}(t) \end{aligned} \tag{8.30}$$

式中,S_i 代表事件部件 i 可靠。

由公式(8.28) 和(8.29) 可得

当 $n=1$ 时

$$R_1^{(1)} = P_1$$

当 $n=2$ 时

$$R_2^{(1)} = P_1 \cdot P_2, \quad R_2^{(2)} = P_1^2 \cdot P_2$$

当 $n=3$ 时

$$R_3^{(1)} = P_1 \cdot P_2^2 \cdot P_3, \quad R_3^{(2)} = P_1^2 \cdot P_2^3 \cdot P_3$$

$$R_3^{(3)} = P_1^3 \cdot P_2^3 \cdot P_3$$

当 $n=4$ 时

$$R_4^{(1)} = P_1 \cdot P_2^3 \cdot P_3^3 \cdot P_4, \quad R_4^{(2)} = P_1^2 \cdot P_2^5 \cdot P_3^4 \cdot P_4$$
$$R_4^{(3)} = P_1^3 \cdot P_2^6 \cdot P_3^4 \cdot P_4, \quad R_4^{(4)} = P_1^4 \cdot P_2^6 \cdot P_3^4 \cdot P_4$$

当 $n = 5$ 时

$$R_5^{(1)} = P_1 \cdot P_2^4 \cdot P_3^6 \cdot P_4^4 \cdot P_5, \quad R_5^{(2)} = P_1^2 \cdot P_2^7 \cdot P_3^9 \cdot P_4^5 \cdot P_5$$
$$R_5^{(3)} = P_1^3 \cdot P_2^9 \cdot P_3^{10} \cdot P_4^5 \cdot P_5, \quad R_5^{(4)} = P_1^4 \cdot P_2^{10} \cdot P_3^{10} \cdot P_4^5$$
$$R_5^{(5)} = P_1^5 \cdot P_2^{10} \cdot P_3^{10} \cdot P_4^5 \cdot P_5$$

这种合并共因失效的方法主要包括以下步骤：

(1) 先不考虑共因失效的影响，求出系统的可靠度表达式。

(2) 对同一个共因部件组的 k 个部件，具有相同的属性，设 $p_1 = p_2 = p_3 = p_4 = p_5 = P(t)$，简化步骤(1) 的可靠度表达式。

(3) 用 $R_n^{(k)}(t)$ 代替步骤(2) 中的 $P^k(t)$。

下面举例来说明该方法的具体步骤。

例 8.4 假设某桥型结构其可靠性框图，如图 8.9 所示。令 $R_s(t)$ 为不考虑共因失效时系统的可靠度；$R_c(t)$ 为考虑共因失效之后的系统可靠度；p_1, p_2, p_3, p_4, p_5 依次为图8.9 中的 5 个部件在独立失效条件下的可靠度，$p_1 = p_2 = p_3 = p_4 = p_5 = P(t)$。$\lambda_i$ 为 i 个部件同时失效的失效率($i = 1,2,3,4,5$)。

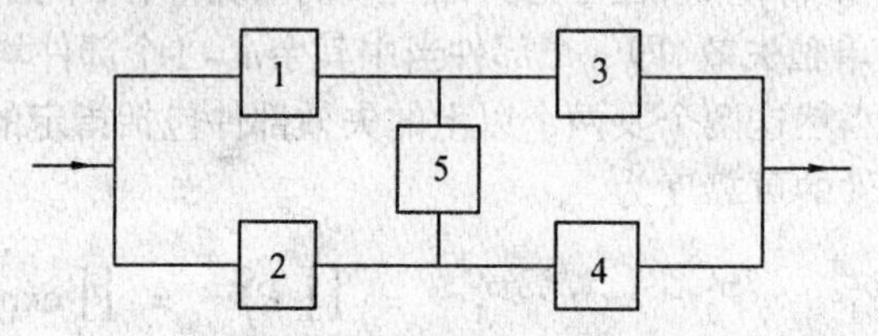

图 8.9 桥型结构可靠性框图

计算过程如下：

(1) 用传统的方法计算出系统的最小路集为{1,3}，{2,4}，{1,5,4}，{2,5,3}，则

$$R_s = p_5 \cdot (p_1 + p_2 - p_1p_2)(p_3 + p_4 - p_3p_4) + (1 - p_5)(p_1p_3 + p_2p_4 - p_1p_2p_3p_4) = p_1p_3 + p_2p_4 + p_1p_4p_5 + p_2p_3p_5 - p_1p_2p_3p_4 - p_1p_2p_3p_5 - p_1p_2p_4p_5 - p_1p_3p_4p_5 - p_2p_3p_4p_5 + 2p_1p_2p_3p_4p_5$$

(2) 假设共因部件组所有组成部件具有相同的概率分布，简化上步，则

$$R_s(t) = 2P^2(t) + 2P^3(t) - 5P^4(t) + 2P^5(t)$$

(3) 考虑共因失效后，系统可靠度表达式替换为

$$R_c(t) = 2R_5^{(2)}(t) + 2R_5^{(3)}(t) - 5R_5^{(4)}(t) + 2R_5^{(5)}(t) = P_1^2P_2^7P_3^9P_4^5P_5 \cdot \{2 + P_1P_2^2P_3[2 - P_1P_2(5 - 2P_1)]\}$$

其中，$P_j = \exp(-\lambda_j t)(j = 1,2,3,4,5)$。

例 8.5 某二元件并联系统，在独立失效条件下，其可靠度分别为 p_1, p_2，且 $p_1 = p_2 = P$，其中一个元件失效时其失效率为 $\lambda_1 = 0.002$，两个元件同时失效时其失效率为 $\lambda_2 = 0.001\,5$。同样 $R_s(t)$ 为不考虑共因失效时系统的可靠度；$R_c(t)$ 为考虑共因失效之后的系统可靠度，则

$$R_s(t) = p_1 + p_2 - p_1p_2 = 2P - P^2 = 2\exp(-\lambda_1 t) - \exp(-2\lambda_1 t)$$

$$R_c(t) = 2R_2^{(1)}(t) + R_2^{(2)}(t) = 2p_1 \cdot p_2 - p_1^2 \cdot p_2 = 2\exp[-(\lambda_1 + \lambda_2)t] - \exp[-(2\lambda_1 + \lambda_2)t]$$

令 $t = 100$,则 $R_s(t) = 0.9671$, $R_c(t) = 0.832\,4$。

由计算结果可以看出,考虑共因失效后其可靠度降低了,这与理论定性分析的结果相符合。

从以上将共因失效合并到系统可靠性模型中的各种分析方法来看,选用何种方法,需要根据具体情况而定,当仅需要进行定性分析时可采用直接建模方法中的(1)和(2)两种方法。当数据比较充分而且针对比较小的系统时可选用直接建模方法中的(3)进行定量计算。对于大型复杂系统,在求故障树的最小割集时需要耗费大量的计算机资源,此时常采用隐含建模方法,先计算不包含共因失效影响的系统可靠度,然后再将共因失效事件合并进去,但是这种建模方法要求共因组元件具有相同的概率分布,这对电子元器件可能是适合的,但对于大型复杂系统比如机械系统,还有待建立更好的共因失效模型。

8.6.2 β因子法在故障树分析中的应用

下面以相同两部件并联系统来说明如何用β因子法描述存在共因失效的系统可靠度和不可靠度。不考虑共因失效时的故障树图如图8.10所示,考虑共因失效后,故障树图等效变化如图8.11所示。

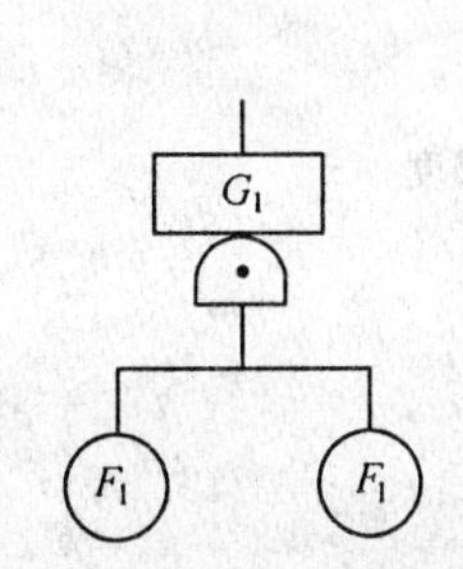

图8.10 两部件并联系统的故障树示意图

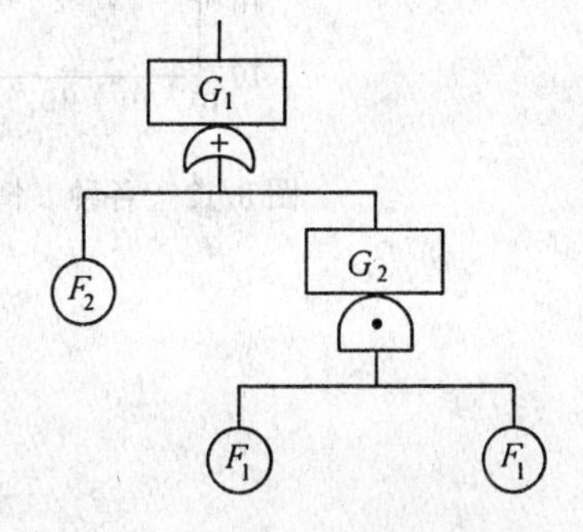

图8.11 等效两部件并联系统的故障树示意图

系统失效概率为

$$F_S = 1 - (1 - F_1^2)(1 - F_2) \tag{8.31}$$

在指数分布的情况下,有

$$F_1 = 1 - e^{-\lambda_1 t} = 1 - e^{-(1-\beta)\lambda t} \tag{8.32}$$

$$F_2 = 1 - e^{-\lambda_2 t} = 1 - e^{-\beta\lambda t} \tag{8.33}$$

所以,由图8.11的模型可计算并联系统存在共因失效时的失效概率为

$$F_s = 1 - [1 - (1 - e^{-\lambda_1 t})^2]e^{-\lambda_2 t} = 1 - (2e^{-\lambda_1 t} - e^{-2\lambda_1 t})e^{-\lambda_2 t} = 1 - 2e^{-\lambda t} + e^{-(2-\beta)\lambda t} \tag{8.34}$$

当 $\beta = 0$ 时,相当于无共因失效,故障树图恢复为图8.10,则

$$F'_s = 1 - 2e^{-\lambda t} + e^{-2\lambda t} \tag{8.35}$$

它们之间的差别为

$$\Delta F = F_s - F'_s = e^{-(2-\beta)\lambda t} - e^{-2\lambda t} = \\ -e^{-2\lambda t}(1 - e^{\beta\lambda t}) = \beta\lambda t \tag{8.36}$$

也就是说,不考虑共因的作用所得到的结果导致失效概率偏低。

当 $\beta = 1$ 时共因失效非常强烈,即一个部件失效,另一个部件也必然失效,此时

$$F_s = 1 - 2e^{-\lambda t} + e^{-\lambda t} = 1 - e^{-\lambda t} \tag{8.37}$$

显然两部件并联系统变成了单部件系统。

系统的失效概率 F_s 与 β 的关系如图 8.12 所示。

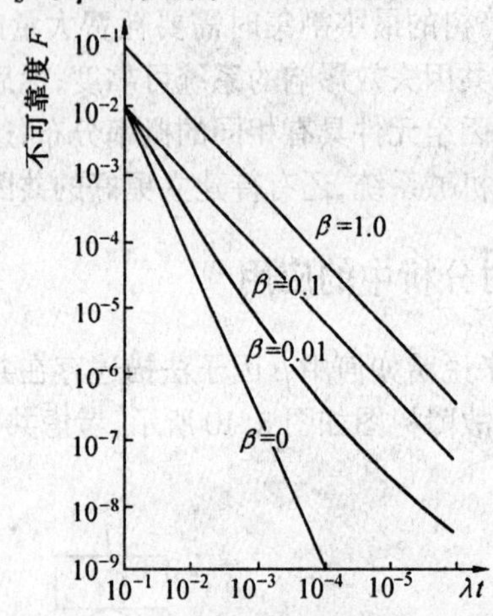

图 8.12 各种 β 情况下,并联系统不可靠度

第9章 安全评估方法

9.1 安全评估方法概述

工程结构往往在投入使用之初就或多或少地存在材料、制造等方面的缺陷。随着使用时间的增加，材料组织性能逐渐退化，发生故障的可能性越来越高。此外，一些突发事件，如出现异常大载荷，也会对结构造成较大伤害。含缺陷结构能否投入使用，服役年限已达到设计寿命的结构是否能继续使用，一般都需要进行安全评估。

结构安全评估的内容之一是结构系统可靠性评估。系统的可靠性不仅与组成系统的各零件的可靠性有关，而且与零件的组合方式和相互匹配状态有关。

如何正确评估结构的安全性与可靠性是机械、化工、航空航天、核工业、土木建筑等诸多工程领域的重要课题。

9.1.1 零件级安全评估

对零件来说，安全评估是判定所含缺陷对满足规定功能要求以及安全性、可靠性的影响程度，对含缺陷结构或零件能否继续使用进行定量评价。

随着断裂力学的发展，形成了多种兼顾安全可靠性和经济性的零件级安全评定标准和规范。例如英国中央电力局的《含缺陷结构的完整性评价》，英国标准学会的《焊接结构缺陷可接受性评价方法指南》，美国机械工程师学会的《核电站构件在役检测规范》等。这些方法大多是基于断裂力学中的J积分原理、对含裂纹型缺陷结构的安全评价方法。在石化工业中还有针对压力容器和管道的评价方法，等等。

零件安全评定标准目前仍在不断发展当中。由于工程实际情况的复杂性和相关评定参数的不确定性，概率断裂力学有了越来越多的应用。国际上在以概率断裂力学为基础的适用性评价方法中，有美国空军提出的飞机结构抗疲劳开裂的耐久性评价方法，英国Rolls Roys公司用于航空发动机的数据库方法，美国西南研究院(SWRI)的随机应力下结构的数值评价(NESSUS)方法等。

总的来说，零件安全评估已从确定性的评定方法向概率评定、模糊评定和智能评定的方向发展，并与新的传感技术、检测技术(特别是故障在线诊断技术)和计算机技术相结合，逐步形成新的安全评定和监测监控体系。

9.1.2 系统级安全评估

系统一般是由大量互相联系、互相依存、进行着不同过程(热、机械、电等)的子系统和零部件构成的。由于功能复杂,系统中包含的零件繁多,可靠性问题也越来越突出。对于比较复杂的系统,常用的系统故障分析方法有故障模式、影响及危害性分析(FMECA),故障树分析(FTA),事件树分析(ETA),FMECA 与 FTA 综合分析方法(FTF) 以及 GO 法等。

FMECA 是一种可靠性定性分析技术,通过分析产品所有可能的故障模式来确定一个故障对系统(或人员) 安全、任务成功、系统性能、维修性要求等方面的潜在影响,并按其影响的严重程度及其发生概率对故障模式加以分类,鉴别设计上的薄弱环节,以便采取适当措施,消除或减轻这些影响。FMECA 的原理简单明了,但实施较为繁琐。

FTA 是用于大型复杂系统可靠性、安全性分析和风险评价的一种有效方法。1961 年美国贝尔实验室首先提出了 FTA,20 世纪 70 年代将 FTA 成功地应用到了核电站事故风险分析中。目前,FTA 已从宇航、核能进入一般电子、电力、化工、机械、交通等领域,形成了完整的理论、程序与方法。其优点是实用、灵活、直观,可以表示人为因素及环境的影响、多状态系统、非单调关联系统、相依关联系统等。缺点包括在建故障树时,需找出系统部件的所有故障模式,因此往往难免遗漏;另一方面就是 FTA 的组合爆炸困难,计算量随故障树规模以指数规律增长。

ETA 是一种从原因到结果的归纳分析方法,可用于描述系统中可能发生的事件序列,在分析复杂系统的重大故障和事故时是一种有效的方法。ETA 尤其适用于具有冗余设计、故障监测与保护设计的复杂系统的安全性和可靠性分析,同时,对于人为失误引起的系统故障,ETA 也是一种较好的方法。

FTF 方法是 FMECA 和 FTA 相结合的综合分析方法。在工程应用中,根据分析对象的复杂程度和分析深度的要求,以及时间和费用的限制条件,既可采用先进行 FMECA,再进行 FTA 的正向 FTF 方法,也可采用先进行 FTA,然后进行 FMECA 的逆向 FTF 方法。正向 FTF 分析全面、详尽,但是工作量较大;逆向 FTF 可以重点分析复杂系统多种因素影响,能细致地考虑多种故障问题,工作量较小。

GO 法是一种用图形演绎法来分析系统可靠性的方法。GO 法主要用于系统运行具有复杂时序或系统状态随时间变化的系统。GO 法一般是以成功为考虑问题的出发点,通过部件的 GO 符号直接从原理图转换为 GO 模型图,并且用 GO 法程序计算所分析的系统的各种状态的发生概率,主要用于评估系统的可靠度或可用度。

9.2 概率安全评价方法

概率安全评价(Probabilistic Safety Assessment, 简称 PSA), 又称概率风险分析(Probabilistic Risk Analysis,简称 PRA),是 20 世纪 70 年代发展起来的一种系统工程方法。它采用系统可靠性评价技术(即故障树分析、事件树分析) 对复杂系统的各种可能事故的发生和发展过程进行全面分析,从发生的概率以及造成的后果等方面综合进行考虑。现在,概率安全评价已经成为核电站、化工厂等复杂系统安全评价的一个标准化工具。

9.2.1 核电厂安全性评价方法的比较

对核电厂进行安全性评价的方法有两种,一种是依据设计基准事故的确定论评价法,另一种是概率安全评价法。确定论评价法是核电厂长期使用的方法,其基本思想是根据反应堆纵深防御的原则,除了反应堆设计得尽可能安全可靠外,还设置了多重的专设安全设施,以便在一旦发生最严重假想事故情况下,依靠安全设施,能将事故后果减至最轻程度。在确定安全设施的种类、容量和响应速度时,需要一个参考的假想事故作为设计基础,并将这个事故看做最大可信事故,认为所设置的安全设施若能防范这一事故,就必定能防范其他各种事故。

PSA是近年来发展的一种新的评价方法。PSA方法是应用概率风险理论对核电厂的安全性进行评价。PSA法认为核电厂事故是随机事件,引起核电厂事故的潜在因素很多,核电厂的安全性应由全部潜在事故的数学期望值表示。确定论法是根据以往的经验和社会可接受的程度,人为地将事故分为“可信”与“不可信”两类。对压水堆核电厂来说,将主冷却剂管道冷管段双端剪切断裂作为最大可信事故,因此在设计中作了认真考虑,并加以严密设防。即便这种严重的初始事件发生,因有应急堆芯冷却系统等安全设施的严密设防,未必会产生严重的后果。但对那些后果较轻的事故,例如一回路管道小破口失水事故(LOCA),核电厂运行中发生的运行瞬变等未进行深入研究,在核电厂运行管理和人员培训等方面也未予应有的重视。1979年美国三哩岛核电厂事故的主要原因就是由于人们对过渡工况和小破口失水事故的现象缺乏充分的了解,造成操作人员判断错误,加上操作失误,使原来并不严重的事故一再扩大,使成为商用核电史上一次严重的堆芯损坏事故。

PSA法认为事故并不存在“可信”与“不可信”的截然界限,仅仅是事故发生的概率有大小之别。核电厂可能有成千上万种潜在事故,事故所造成的社会危害理应用所有潜在事故后果的数学期望值来表示,这个数学期望值就是风险。核电厂风险研究中指出,堆芯熔化是导致放射性物质向环境释放的主要因素,而小破口失水事故和运行瞬变是引起堆芯熔化的主要原因。美国三哩岛事故的教训说明,采用PSA法是更为合理的。

在确定论的安全评价方法中,人们利用机理性程序研究核电厂在故障工况下的物理过程。在作这种事故分析时,假定安全系统至多只会出现单一故障,而且在出现这种故障时,系统不会丧失其功能,即满足所谓单一故障准则。确定论事故分析所考虑的故障工况,或多或少有人为假设的因素,并不考虑该故障发生的概率有多大,也不分析故障出现后操纵人员干预所造成的后果。当然确定论的安全评价方法是迄今为止被广泛应用的一种成熟的评价方法,这种方法较为简便,评价也很快速,但这种方法往往只是以多年实际应用的经验和一些保守的假设为基础,许多假设又不太符合客观实际,因而得出的结果往往过于保守。

风险评价方法则是一种系统的安全评价方法,对核电厂这样复杂的系统作系统的分析,以严格的数理逻辑推理和概率论为理论基础,提供一种综合的结构化的处理方法,找出可信的事故序列,评价相应的发生概率和描绘造成的后果。概率安全评价方法与传统的确定论安全分析的区别就在于,它不仅能确定从各种不同初始事件所造成的事故序列,还能够系统地和现实地确定该事故的发生频率和事故造成的后果。

应该说,对核电厂进行PSA分析过程实际上就是对核电厂的一次全面审查、全面认识的过程,是从不同的角度对核电厂复杂工艺系统的安全性作出全面综合的分析。在分析过程中,还能对系统相关性、人员相互作用、结果不确定性、不同事故系列的“相对重要性”等各方面作出全面完整的分析。

PSA中所用的事件树和故障树分析法,还可用于系统方案论证、安全审评及其变更、查找系统薄弱环节、评价和建立事故管理规定以及指导运行维修等方面,并取得了较好的效果,PSA为有关安全问题的决策提供了协调一致的完整的方法。

尽管PSA作为一个工具,提供了许多有用信息,但也应看到PSA的数值结果有它的局限性和不确定性。例如人的行为和人为破坏是很难进行定量比较的。因而,对具体核电厂的应用来说,坚持多重屏障和纵深防御设计原理,预防事故的发生和减轻事故后果,即采用传统的确定论分析方法乃是一个合理权衡的工程方法。

9.2.2 PSA分析的三个层次

根据所涉及的问题范围不同,核电站实施的PSA有三个不同的层次。

(1)第一层次的PSA,即系统分析。对核电厂运行系统和安全系统进行可靠性分析,确定造成堆芯损坏的事故序列,并做出定量分析,确定各事故序列的发生频率,给出反应堆每运行年发生堆芯损坏的概率。

这个层次的分析可以帮助分析设计中的弱点,指出防止堆芯损坏的途径。

(2)第二层次的PSA,即第一层次的PSA结果,再加上对安全壳响应的评价。分析堆芯熔化物理过程和安全壳响应特性,包括分析安全壳在堆芯损坏事故下承受的载荷、安全壳失效模式、熔融物质与混凝土的作用,以及放射性物质在安全壳内的释放和迁移。结合第一层次的PSA结果,确定放射性通过安全壳释放的频率。

该层次的分析可以对各种堆芯损坏事故序列造成放射性释放的严重性作出估计,找出设计上的弱点,并对减缓堆芯损坏后的事故后果的途径和事故管理提出具体意见。

(3)第三层次的PSA,即二级PSA结果加上厂外后果的评价。分析放射性物质在环境中的迁移,确定核电厂外不同距离处放射性物质浓度随时间的变化。结合第二层次的分析结果,按公众风险的概念确定放射性事故造成的厂外后果。

第三层次的概率安全评价能够对后果减缓措施的相对重要性作出评价,还能对应急响应措施的制定提供支持。

9.3 失效模式、效应及危害度分析(FMECA)

9.3.1 基本概念

失效模式、效应及危害性分析(Failure Mode, Effect and Criticality Analysis,简称FMECA)定义为“在系统设计过程中,通过对系统各组成单元潜在的各种失效模式及其对系统功能的影响与产生后果的严重程度进行分析,提出可能采取的预防改进措施,以提高产品可靠性的一种分析方法。”失效模式是失效的表现状态,失效效应是指某种失效模式对本单元和整个系统的影响，失效危害度是指失效后果的严重程度。只进行故障模式和影响分析的方法则称为 FMEA。

FMECA 是一种自下而上的故障分析方法，即以分析零件故障产生的后果及危害程度为基础来分析部件的故障，由部件故障进一步分析整个系统的故障。它可以应用于产品开发、生产和使用的不同阶段，应用于设计评审、可靠性试验分析、工艺分析、使用故障分析等。

9.3.2 分析过程与方法

由于产品的多样性，FMECA 分析过程和方法也不尽相同，基本内容及步骤如下。

(1) 划分功能块。系统可逐级分解直到最基本的零件、构件。一般根据分析的目的，将系统分解到某一适当的层次，将系统按功能分解为功能块，并绘出系统功能逻辑框图。

(2) 列举各功能块的全部失效模式、起因和效应。失效模式应与该功能块所在级相适应。在最低的分析级上，列出该级各单元所有可能出现的各种失效模式，以及每种失效模式发生的原因、对应的失效效应。在一个更高功能级上考虑失效效应时，前述失效效应又被解释为一个失效模式。这样的分析要一直进行到系统最高功能级上的失效效应。

表 9.1 所示为阀门失效模式及原因表。为避免重大遗漏，需由熟悉该系统结构、工作原理、使用情况的设计、使用等技术人员共同分析。

表 9.1 阀门失效模式及原因表

故障模式	故 障 原 因
内部泄漏	阀体、阀座变形、损伤；阀体、阀座接触面有异物
外部泄漏	密封部件损伤
破 损	长期使用后疲劳破损；腐蚀；外力
堵 塞	进入异物；阀杆断裂，阀体下落
误关、误开	误操作；误信号
不关、不开	异物阻碍；驱动装置(电动机、传动机构等)故障；丧失动力(电、压缩空气等)
不能控制	控制零件(如弹簧)失效

(3) 危害度分析

FMEA 中的失效等级也称为危害度，是反映失效模式重要程度的综合指标。通常都是采用相对评分法决定其等级，如以完成任务为重点的评分法，以故障发生频度为重点的评分法和综合考虑多种因素的综合评分法。下面介绍的是综合评分法。

表 9.2 列出常用故障模式的评定因素及其评分范围，按此表逐项评分，然后按式(9.1) 计算危害度系数(致命度系数) C_F。C_F 值越高，失效模式的危害度越高。

表 9.2　故障模式的评定因素及其评分范围

指标 / 程度与分数 / 评定因素	综合评分	危害度系数 C_F	
	评分 C_i	程　度	系数 F_i
故障对功能的影响及后果	1 ~ 10	致命的损失	5.0
		相当大的损失	3.0
		丧失功能	1.0
		不丧失功能	0.5
故障对系统的影响范围	1 ~ 10	两个以上重大影响	2.0
		一个重大影响	1.0
		无太大影响	0.5
故障发生频度	1 ~ 10	发生频度高	1.5
		有发生的可能性	1.0
		发生的可能性很小	0.7
故障防止的可能性	1 ~ 10	不能防止	1.3
		可能防止	1.0
		可容易地防止	0.7
更改设计的程度	—	须作重大改变	1.2
		须作类似设计	1.0
		同一设计	0.8

C_F 的表达式为

$$C_F = \prod_{i=1}^{n} F_i \tag{9.1}$$

式中　F_i—— 第 i 项评定因素的评分值；

n—— 考虑评定因素的项数。

(4) 提出改进措施。应采取各种方法(例如改变设计)，尽量消除危害性高的失效模式。无法消除失效模式时，应分配给高的可靠性指标，必要时增设报警、监测、防护等设施。

(5) 填写失效模式、效应及危害度分析表。不同系统所用表格不尽相同，但对同类产品，企业内部宜取统一格式。图 9.1 为典型两种表格的例子。

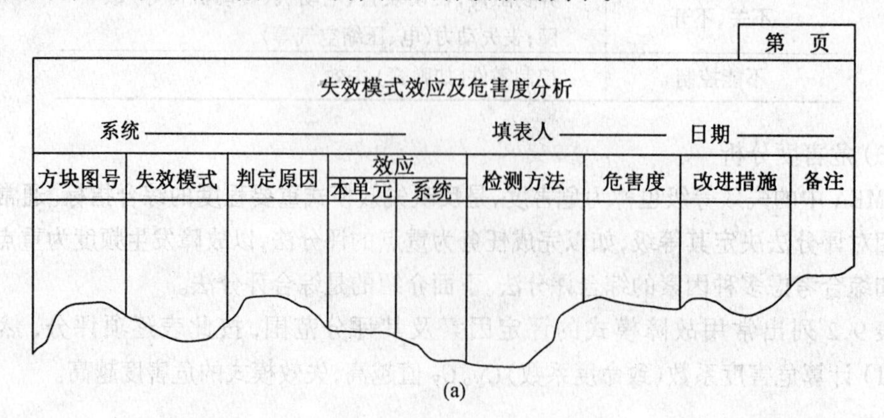

(a)

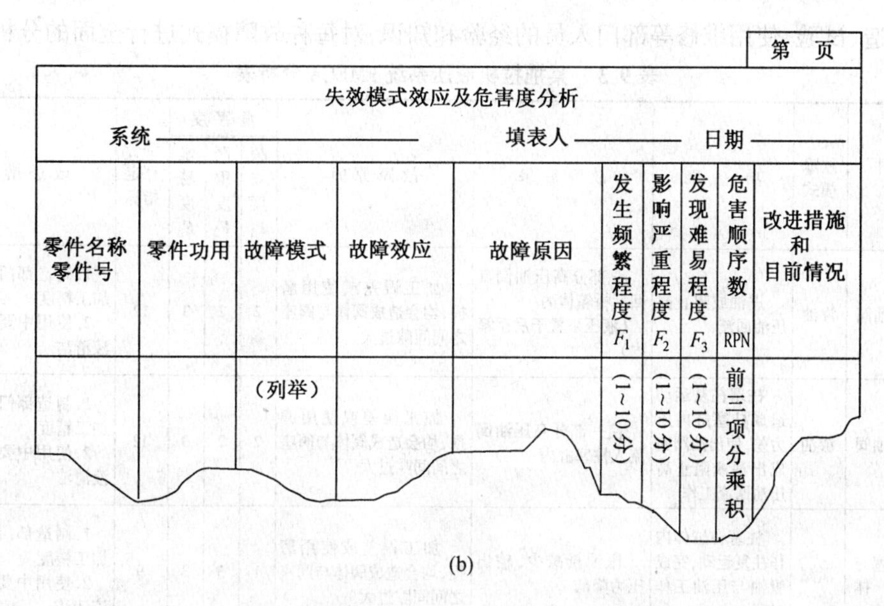

第 页

失效模式效应及危害度分析

系统—— 填表人—— 日期——

零件名称 零件号	零件功用	故障模式	故障效应	故障原因	发生频繁程度 F_1	影响严重程度 F_2	发现难易程度 F_3	危害顺序数 RPN	改进措施和目前情况
		（列举）			（1~10分）	（1~10分）	（1~10分）	前三项分乘积	

(b)

图 9.1　失效模式、效应及危害度分析表格例

9.3.3　FMECA应用示例

对某拖拉机液压系统进行FMECA分析，具体步骤如下：

(1) 弄清所分析系统零件的构成及功能，用框图绘出分析，如图9.2所示。在确定分析范围时，为简化起见，故障发生频度低，对系统故障影响小的零件未列入分析范围之内。

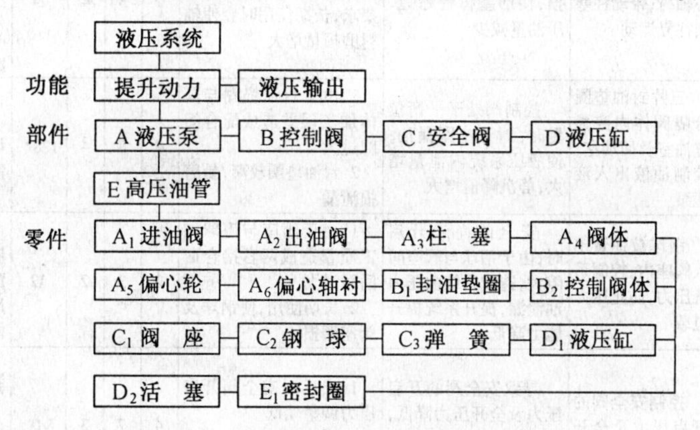

图 9.2　液压系统分析范围及等级框图

(2) 列出所分析范围内的主要零部件可能出现故障模式，并分析其原因，如表9.3所示。

在填写FMECA分析表时，应注意以下几点：

① 应根据系统所有零部件可能出现的故障模式，确定分析范围，对重要的子系统和部件应进行重点分析。② 根据零件出现故障严重程度、发生故障频度及发现和查明故障的难易程度，确定综合评定指标。根据该指标，确定改进的重点或先后顺序。③ 在表格中要写明改进措施、负责实施的部门及完成期限。④ 在编制此表时应尽可能汇总设计、工

艺、制造、试验、使用维修等部门人员的经验和知识，对每种故障模式进行全面的分析。

表 9.3　某拖拉机液压系统 FMECA 分析表

零部件名称		故障模式	功　能	故障后果	故障原因	危害度			综合评定指标	改进措施
						频度 F_1	严重度 F_2	难易度 F_3		
液压泵	进油阀	渗油	进油或阻止高压油回流	一部分高压油倒流回后桥箱体内（液压泵置于后桥箱内）	加工误差或使用磨损，均会造成阀体与阀座之间间隙过大	2	2	3	12	1.制造部门应保证加工精度 2.使用中要保证油液清洁
液压泵	出油阀	渗油	柱塞往复运动造成柱塞缸内压力差，使出油阀完成出油或阻止高压油回流工作	使一部分高压油倒流入柱塞缸内	加工误差或使用磨损，均会造成阀体与阀座之间间隙过大	2	2	3	12	1.制造部门应保证加工精度 2.使用中要保证油液清洁
液压泵	柱塞与缸　体	泄漏	柱塞在缸体内作往复运动，完成吸油与压油工作过程	压油量减少，输出压力降低	加工误差或使用磨损，均会造成阀体与阀座之间间隙过大	1	3	3	9	1.制造部门应保证加工精度 2.使用中要保证油液清洁
液压泵	偏心轮与柱塞架	卡死	偏心轮带动柱塞架作往复运动	柱塞架破碎，使柱塞不能完成吸油和压油工作	偏心轮与衬套加工误差，造成两者配合过紧，在重载荷时，油温过高，易使偏心轮在衬套内卡死造成柱塞架破碎	3	8	4	96*	1.制造部门应保证加工精度，使间隙符合设计要求 2.设计部门应改进柱塞架材料及加工工艺，提高强度
液压泵	偏心轴衬	磨损快	偏心轮通过偏心轴衬，带动柱塞架往复运动	由于偏心轴衬磨损，使活塞行程缩短、压油量减少	偏心轴衬为铜衬套，材质及加工达不到设计要求，长期使用时会使轴衬磨损量增大	2	3	4	24	1.制造部门应保证偏心轴衬材料及加工的质量 2.设计部门改进偏心轴衬材料，提高其耐磨性
控制阀	封油垫圈	漏油	三片封油垫圈分隔阀体内腔为进油室及回油室，控制油液出入液压泵	控制阀处于平衡位置时，封油垫圈漏油，使液压系统内泄量增大，静沉降值增大	1.由于封油垫圈与阀体加工误差造成配合间隙过大 2.封油垫圈较薄，易磨损泄漏	4	8	4	128*	设计部门应改进设计，采用结构改进的控制阀
安全阀	阀座与钢球	泄漏	钢球被弹簧压入阀座内，控制系统压力，防止压力过载	安全阀尚未开启时，由于钢球与阀座间隙大，造成系统内压力油泄漏，提升系统提升能力降低	1.由于阀座与钢球加工质量造成两者接合面间隙过大 2.长期使用，使钢球及阀座磨损	2	3	2	12	制造部门应保证阀座与钢球加工精度及配合间隙，检验部门应严格检验，保证密封性能
安全阀	弹簧	永久变形量较大	控制安全阀的开启压力及全开压力	导致安全阀的开启压力及全开压力降低，使系统提升能力下降，静沉降值增大	1.出厂时安全阀开启压力调整偏低 2.弹簧受力后永久变形量大	4	7	3	84*	1.制造部门应保证弹簧加工质量 2.检验部门应严格进行筛选 3.保证安全阀出厂压力
液压缸	缸体与活塞	渗油	来自液压泵的高压油，通到液压缸内推动活塞，带动悬挂机构提升	缸体与活塞间渗漏，造成系统内泄量增加，静沉降值增大，提升能力下降	柱塞与缸体的加工质量未达到要求，造成两者配合间隙过大	1	2	2	4	制造部门应保证活塞与缸体加工质量及配合间隙
高压油管	密封圈	漏油	高压管是连接液压泵和提升机构的油道	密封圈损坏，造成液压系统漏油，提升能力下降或不能提升	高压油管上的密封圈装拆不当，致使密封圈损坏	2	3	1	6	装配及修理部门在拆装高压油管时，要防止密封圈损坏

注：* 表示危害度高、需要特殊注意的故障模式。

(3) 根据故障发生频度 F_1,故障危害程度 F_2 及故障发现和查明的难易程度 F_3 来确定综合评定指标 F,即

$$F = F_1 F_2 F_3$$

F_1、F_2 和 F_3 的推荐值见表9.4。

表9.4 F_1、F_2 和 F_3 的推荐值

F_1(故障发生频度)			F_3(故障发现和查明的难易程度)		
频度等级	判 据	系 数	难易度等级	判 据	系 数
Ⅰ	> 5% ~ 20%	5	Ⅰ	很难发现和查明的故障	5
Ⅱ	> 1% ~ 5%	3 ~ 4	Ⅱ	难以发现和查明的故障	3 ~ 4
Ⅲ	> 0.3% ~ 1%	2	Ⅲ	较难发现和查明的故障	2
Ⅳ	≤ 5% ~ 20%	1	Ⅳ	容易发现和查明的故障	1
F_2(故障危害程度)					
严重度等级	名称及代号	判 据			系 数
Ⅰ	致命故障 ZM	按各类故障定义判别			9 ~ 8
Ⅱ	严重故障 YZ				6 ~ 8
Ⅲ	一般故障 YB				3 ~ 5
Ⅳ	轻度故障 QD				1 ~ 2

(4) 根据步骤(2) 提出改进措施;根据步骤(3) 确定改进重点及先后顺序。

从表9.3中看出,要提高液压系统的性能及可靠性,应重点解决综合评定指标值高的三个问题:① 偏心轮与柱塞架卡死,造成柱塞架断裂的故障;② 控制阀封油垫圈渗漏,造成液压系统内泄量增大,静沉降值增加;③ 安全阀弹簧在使用中永久变形量大,使安全阀开启压力及全开压力下降,导致液压系统提升能力下降。

该机液压系统经过FMECA分析,提出了解决的措施;柱塞架采用新材料,提高其韧性,控制阀进行结构改进,主要解决控制阀封油垫圈漏油问题。加大了封油垫圈的厚度,安全阀参考国外引进技术,在结构上进行改进,这些改进措施采用后,取得了较好效果。

改进设计采用整体式结构控制阀,由阀套和阀杆两个零件构成,替代了原结构中的九个零件(压套、衬套、阀杆及挡圈各1件、垫圈2只、封油垫圈3只)。装有改进控制阀的液压泵(以下称改进泵)与原泵进行了性能对比试验、台架寿命试验及田间使用试验。试验结果表明:改进泵内部,泄漏量显著减小。尤其是在长期使用中,阀套及阀杆的磨损极小,达到了液压系统静沉降值规定的要求,提高了液压泵的性能及可靠性。

9.4 事件树分析(ETA)

9.4.1 概述

事件树分析(Event Tree Analysis,简称ETA)方法的理论基础是系统工程的决策论,它在给定一个初因事件的前提下,分析此初因事件可能导致的各种事件序列的结果,从而定性和定量地评价系统的可靠性与安全性。由于事件序列用图形表示,并且成树状,故称事

件树。

ETA 可用于描述系统中可能发生的事件序列,在分析复杂系统的重大故障和事故时是一种有效的方法。这种方法尤其适用于具有冗余设计、故障监测与保护设计的复杂系统的安全性和可靠性分析,同时,对于人为失误引起的系统故障,ETA 也是一种较好的方法。

事件树中各类事件的定义:

(1) 初因事件。初因事件是指可能引发系统安全性后果的系统内部的故障和外部的事件。

(2) 后续事件。后续事件是在初因事件发生后,可能相继发生的其他事件,这些事件可能是系统功能设计中所决定的某些备用设施或安全保证设施的启用,也可能是系统外部正常或非正常事件的发生。后续事件一般是按一定顺序发生的。

(3) 后果事件。后果事件是指由于初因事件和后续事件的发生或不发生所构成的不同结果。

9.4.2 分析的过程和方法

事件树分析的过程和方法如下:

(1) 确定初因事件。确定或寻找可能导致系统严重后果的初因事件,并进行分类,将那些可能导致相同事件树的初因事件可划分为一类。选择初因事件时,重点应放在对系统安全影响大、发生频率高的事件上,优先做出严重性最大的初因事件的事件树。

(2) 建造事件树。确定并分析发生的初因事件后,找出可能相继发生的后续事件,并进一步确定这些事件发生的先后顺序,按后续事件发生或不发生两种状态分析各种可能的结果,找出后果事件。事件树的建造过程也是对系统的一个再认识过程。

事件树的绘制是根据系统简图由左至右进行的,把事件依次连接成树形,最后再和表示系统状态的输出连接起来。在表示各个事件的节点上,一般以上连线表示希望发生的成功事件,下连线表示不希望发生的失败事件。

下面举一个简单的例子。汽车正常行驶过程中,一个前胎穿孔(初始事件),如果司机能够控制汽车,则不会发生事故;如果他不能控制则将发生事故。本例的事件树如图 9.3 所示。用 D_1 表示司机能够控制、D_2 表示司机失去控制。

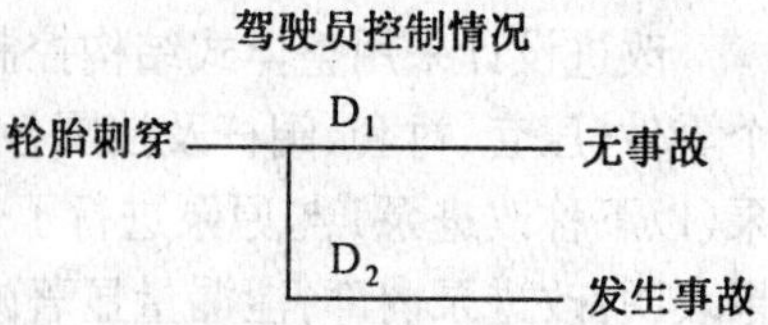

驾驶员控制情况
轮胎刺穿
D_1
无事故
D_2
发生事故

图 9.3 轮胎刺穿事件树

对于特定的初因事件,若有 n 个后续事件,每一个后续事件有发生或不发生两种状态,则该初因事件造成的事件序列数就为 2^n 个。但考虑相互之间的相依性,有许多序列是不可能出现的,或者是没有意义的,这样经过简化可以使事件序列数大大小于 2^n 个。在建立事件树的过程中,应注意有些事件链并没有发展到最后即已结束。事件树的简化有以下两个原则:

① 当某一非正常事件的发生概率极低时可以不列入后续事件中。

② 当某一后续事件发生后,其后的其他事件无论发生与否均不能减缓该事件链的后果时,该事件链即已结束。

(3) 事件树的定量分析。事件树的定量分析就是由初因事件与后续事件的发生概率,计算事件树中每一事件链分支的发生概率。

当初因事件或后续事件为系统中某一部件的故障事件时,其发生概率即为该部件发生故障的概率。对这一类事件可通过可靠性预计、故障树分析或使用统计等方法得出其故障概率;而当这些事件为某些外部因素时(如环境因素、人为因素等),其发生概率一般需要通过长期的数据积累再经统计分析或评估得出。

将初因事件和后续事件的发生概率标示在事件树各节点分支上,即可计算出各后果事件的发生概率。如果事件树中各事件的发生相互独立,结果事件的发生概率就是各事件发生概率的乘积;如果事件树中各事件的发生不相互独立,则必须考虑各事件发生的条件概率。

9.4.3 ETA应用示例

图9.4所示为一泵和两个并联阀门组成的物料输送系统,图中A代表泵,阀门C是阀门B的备用阀,只有当阀门B失效时,阀门C才开始工作。以A_1、B_1、C_1表示泵A、阀门B、阀门C正常工作,A_2、B_2、C_2表示泵A、阀门B、阀门C失效,则泵启动后的物料输送系统的事件树如图9.5所示。

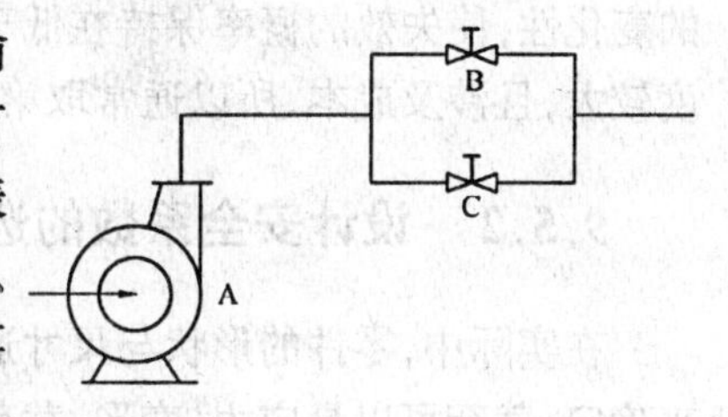

图9.4　阀门并联的物料输送系统

设泵A、阀门B和阀门C相互独立,它们的可靠度分别为0.95、0.9、0.9,则按照事件树可得知这个系统成功的概率为0.940 5,系统失败的概率为0.059 5。

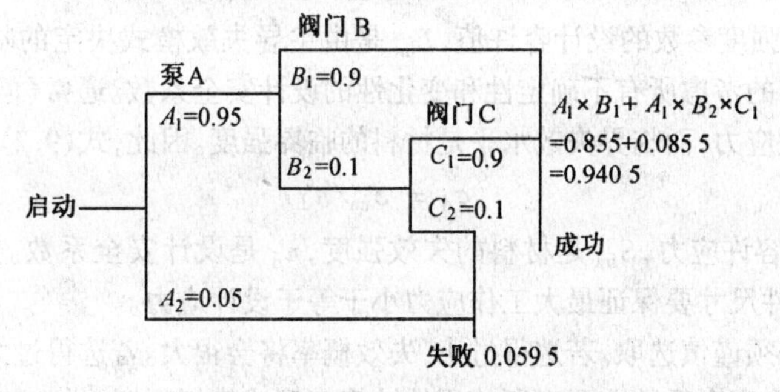

图9.5　阀门并联输送系统事件树

9.5 安全系数方法

9.5.1 安全系数在设计计算中的作用

在设计阶段,也就是在产品制造出来之前,通过预测并消除潜在的失效隐患,防止出现不正常故障和失效,是一个关键的设计策略。通过识别可能的主导性的失效模式,尝试选择最适用的材料,预测失效情景可以为选择零件的形状和尺寸提供基础。

如果载荷、环境和材料性能完全已知,通过确保在产品的所有危险点处的工作载荷或应力都不超过材料的强度,就可以很容易地确定产品零件的形状和尺寸。但实际情况是,不确定性和变化性在设计中普遍存在。载荷经常是变化的,且无法准确地知道;强度也是变化的,有时对某些失效模式或应力状态也不能准确地获得;计算模型中的假设也使所确定的尺寸不准确;其他不确定性可能来自制造质量、运行环境、检测和维护维修条件的变化。这些不确定性和变化因素无疑使设计工作变得复杂。

必须重视在选择形状、尺寸和材料方面的不确定性,这些都影响产品的安全、可靠的运行。为了实现预防失效的目的,设计者有两种选择:

(1) 选用一个设计安全系数,使在全部可预测的情况下材料的最小强度都大于载荷或应力。

(2) 用统计学方法描述强度、应力或载荷、模型误差、制造的变化性以及环境和维修的变化性,使失效的概率保持在低于预先给定的可接受的水平。由于采用统计学方法的难度较大,且涉及成本,所以通常取第一选择,即选用一个适当的设计安全系数。

9.5.2 设计安全系数的选择与应用

在实际中,零件的形状与尺寸通常是首先通过定义一个选定的载荷下的设计容许值来确定,载荷可以是应力、变形、载荷、速度或其他。为了确定这个设计容许值,要用设计安全系数去除对应于所选载荷参数的临界失效水平(强度),以考虑可能的不确定性。这样就可以算出零件的尺寸,使得最大载荷值小于设计容许值。数学上,可以表示为

$$P_d = L_{fm}/n_d \tag{9.2}$$

式中,P_d 为载荷强度参数的设计容许值,L_{fm} 是由主导失效模式决定的临界失效水平,n_d 是由设计者选定的考虑所有不确定性和变化性的设计安全系数。通常(但不总是)选定的载荷强度参数是应力,而临界失效水平是材料的临界强度。因此,式(9.2)的一般形式为

$$\sigma_d = S_{fm}/n_d \tag{9.3}$$

式中,σ_d 是设计容许应力,S_{fm} 是材料的失效强度,n_d 是设计安全系数。为了保证设计安全,确定出的零件尺寸要保证最大工作应力小于等于设计应力。

安全系数必须谨慎选取。若选得过小,失效概率将会很大。若选得过大,尺寸、重量、成本都将很大。选取安全系数需要对所使用的计算模型或模拟程序、材料的性能以及使用条件等的限制与假设有很好了解。设计经验对选取安全系数来说是非常有价值的,即使只有有限的经验,也能做出合理的选择。这里建议的方法是将选择过程分解为一系列半定量的若干决策过程,通过分别权衡与重建,得出可接受的设计安全系数值。在设计新产品或为新用途重新设计已有产品时,即使很有经验的设计者也会发现这种方法的价值。

为了选择设计安全系数,分别考虑以下8个系数:① 确定载荷、应力、变形或其他失效因素的精度;② 确定应力或其他载荷强度参数的精度;③ 确定材料强度等指标的精度;④ 节省材料、重量、空间或成本的需要;⑤ 失效所造成的人身与财产损失的严重性;⑥ 制造质量;⑦ 运行条件;⑧ 检测与维护维修的质量。

这些因素的半定量的评定可以通过估计各自的数值(在 $-4 \sim +4$ 范围内)获得。其具

体数值 RN 有如下的意义：

①$RN=1$，轻微修正 n_d；

②$RN=2$，中等修正 n_d；

③$RN=3$，较大修正 n_d；

④$RN=4$，极端修正 n_d。

另外，如果需要增大安全系数，则取正值；若需要减小安全系数，则取负值。

第二步是计算代数和 t，即

$$t=\sum_{i=1}^{8} RN_i \tag{9.4}$$

由此，设计安全系数计算公式为

$$n_d=1+(10+t)^2/100 \quad (t>-6) \tag{9.5}$$

$$n_d=1.15 \quad (\text{其他}) \tag{9.6}$$

例9.1 要求确定一个设计安全系数，以计算新设计的飞机起落架的尺寸。已知使用条件多为“平均水平”，材料性能方面的知识比平均情形稍好，有很强的尺寸和空间限制，失效会导致重大人身与财产损失，检测和维修条件很好。

解 根据已知信息，8个系数取值如表9.5。

表9.5 8个系数取值

序号	系数	RN
1	载荷精度	0
2	应力计算精度	0
3	强度精度	-1
4	节省要求	-3
5	失效后果的严重性	+3
6	制造质量	0
7	操作条件	0
8	检测/维修质量	-4

由式(9.4)得

$$t=0+0-1-3+3+0+0-4=-5$$

由式(9.5)得

$$n_d=1+(10-5)^2/100=1.25$$

9.5.3 计算已有设计的安全系数

为了计算已存在产品的安全系数，用载荷严重性参数的临界失效水平除以最大工作载荷值，即

$$n_{ex}=L_{fm}/P_{max} \tag{9.7}$$

一般可表示为

$$n_{ex} = S_{fm}/\sigma_{max} \tag{9.8}$$

式中 n_{ex}—— 已存在产品的安全系数；

L_{fm}—— 对应于主导失效模式的临界失效水平；

S_{fm}—— 对应于主导失效模式的临界强度；

σ_{max}—— 危险点的最大工作应力。

附　录

附表 1　标准正态分布表

$$\Phi(x) = \int_{-\infty}^{x} \frac{1}{\sqrt{2\pi}} e^{-\frac{t^2}{2}} dt$$

Z_R	0.00	0.01	0.02	0.03	0.04	0.05	0.06	0.07	0.08	0.09
0.0	0.500 0	0.504 0	0.508 0	0.512 0	0.516 0	0.519 9	0.523 9	0.527 9	0.531 9	0.535 9
0.1	0.539 8	0.543 8	0.547 8	0.551 7	0.555 7	0.559 6	0.563 6	0.567 5	0.571 4	0.575 3
0.2	0.579 3	0.583 2	0.587 1	0.591 0	0.594 8	0.598 7	0.602 6	0.606 4	0.610 3	0.614 1
0.3	0.617 9	0.621 7	0.625 5	0.629 3	0.633 1	0.636 8	0.640 6	0.644 3	0.648 0	0.651 7
0.4	0.655 4	0.659 1	0.662 8	0.666 4	0.670 0	0.673 6	0.677 2	0.680 8	0.684 4	0.687 9
0.5	0.691 5	0.695 0	0.698 5	0.701 9	0.705 4	0.708 8	0.712 3	0.715 7	0.719 0	0.722 4
0.6	0.725 7	0.729 1	0.732 4	0.735 7	0.738 9	0.742 2	0.745 4	0.748 6	0.751 7	0.754 9
0.7	0.758 0	0.761 1	0.764 2	0.767 3	0.770 3	0.773 4	0.776 4	0.779 4	0.782 3	0.785 2
0.8	0.788 1	0.791 0	0.793 9	0.796 7	0.799 5	0.802 3	0.805 1	0.807 8	0.810 6	0.813 3
0.9	0.815 9	0.818 6	0.821 2	0.823 8	0.826 4	0.828 9	0.831 5	0.834 0	0.836 5	0.838 9
1.0	0.841 3	0.843 8	0.846 1	0.848 5	0.850 8	0.853 1	0.855 4	0.857 7	0.859 9	0.862 1
1.1	0.864 3	0.866 5	0.868 6	0.870 8	0.872 9	0.874 9	0.877 0	0.879 0	0.881 0	0.883 0
1.2	0.884 9	0.886 9	0.888 8	0.890 7	0.892 5	0.894 4	0.896 2	0.898 0	0.899 7	0.9014 7
1.3	0.9032 0	0.9049 0	0.9065 8	0.9082 4	0.9098 8	0.9114 9	0.9130 9	0.9146 6	0.9162 1	0.917 74
1.4	0.919 24	0.920 73	0.922 20	0.923 64	0.925 07	0.926 47	0.927 85	0.929 22	0.930 56	0.931 89
1.5	0.933 19	0.934 48	0.935 74	0.936 99	0.938 22	0.939 43	0.940 62	0.941 79	0.942 95	0.944 08
1.6	0.945 20	0.946 30	0.947 38	0.948 45	0.949 50	0.950 53	0.951 54	0.952 54	0.953 52	0.954 49
1.7	0.955 43	0.956 37	0.957 28	0.958 18	0.959 07	0.959 94	0.960 80	0.961 64	0.962 46	0.963 27
1.8	0.964 07	0.964 85	0.965 62	0.966 38	0.967 12	0.967 84	0.968 56	0.969 26	0.969 95	0.970 62
1.9	0.971 28	0.971 93	0.972 57	0.973 20	0.973 81	0.974 41	0.975 00	0.975 58	0.976 15	0.976 70
2.0	0.977 25	0.977 78	0.978 31	0.978 82	0.979 32	0.979 82	0.980 30	0.980 77	0.981 24	0.981 69
2.1	0.982 14	0.982 57	0.983 00	0.933 41	0.983 82	0.984 22	0.984 61	0.985 00	0.985 37	0.985 74
2.2	0.986 10	0.986 45	0.986 79	0.987 13	0.987 45	0.987 78	0.988 09	0.988 40	0.988 70	0.988 99

续附表 1

Z_R	0.00	0.01	0.02	0.03	0.04	0.05	0.06	0.07	0.08	0.09
2.3	0.989 28	0.989 56	0.989 83	0.9^{2}00 97	0.9^{2}03 58	0.9^{2}06 13	0.9^{2}08 63	0.9^{2}11 06	0.9^{2}13 44	0.9^{2}15 76
2.4	0.9^{2}18 02	0.9^{2}20 24	0.9^{2}22 40	0.9^{2}24 51	0.9^{2}26 56	0.9^{2}28 57	0.9^{2}30 53	0.9^{2}32 44	0.9^{2}34 31	0.9^{2}36 13
2.5	0.9^{2}37 90	0.9^{2}39 63	0.9^{2}41 32	0.9^{2}42 97	0.9^{2}44 57	0.9^{2}46 14	0.9^{2}47 66	0.9^{2}49 15	0.9^{2}50 60	0.9^{2}52 01
2.6	0.9^{2}53 39	0.9^{2}54 73	0.9^{2}56 04	0.9^{2}57 31	0.9^{2}58 55	0.9^{2}59 75	0.9^{2}60 93	0.9^{2}62 07	0.9^{2}63 19	0.9^{2}64 27
2.7	0.9^{2}65 33	0.9^{2}66 36	0.9^{2}67 36	0.9^{2}68 33	0.9^{2}69 28	0.9^{2}70 20	0.9^{2}71 10	0.9^{2}71 97	0.9^{2}72 82	0.9^{2}73 65
2.8	0.9^{2}74 45	0.9^{2}75 23	0.9^{2}75 99	0.9^{2}76 73	0.9^{2}77 44	0.9^{2}78 14	0.9^{2}78 82	0.9^{2}79 48	0.9^{2}80 12	0.9^{2}80 74
2.9	0.9^{2}81 34	0.9^{2}81 93	0.9^{2}82 50	0.9^{2}83 05	0.9^{2}83 59	0.9^{2}84 11	0.9^{2}84 62	0.9^{2}85 11	0.9^{2}85 59	0.9^{2}86 06
3.0	0.9^{2}86 50	0.9^{2}86 94	0.9^{2}87 36	0.9^{2}87 77	0.9^{2}88 17	0.9^{2}88 56	0.9^{2}88 93	0.9^{2}89 30	0.9^{2}89 65	0.9^{2}89 99
3.1	0.9^{3}03 24	0.9^{3}06 46	0.9^{3}09 57	0.9^{3}12 60	0.9^{3}15 53	0.9^{3}18 36	0.9^{3}21 12	0.9^{3}23 78	0.9^{3}26 36	0.9^{3}28 86
3.2	0.9^{3}31 29	0.9^{3}33 63	0.9^{3}35 90	0.9^{3}38 10	0.9^{3}40 24	0.9^{3}42 30	0.9^{3}44 29	0.9^{3}46 23	0.9^{3}48 10	0.9^{3}49 91
3.3	0.9^{3}51 66	0.9^{3}53 35	0.9^{3}54 99	0.9^{3}56 58	0.9^{3}58 11	0.9^{3}59 59	0.9^{3}51 03	0.9^{3}62 42	0.9^{3}63 76	0.9^{3}65 05
3.4	0.9^{3}66 31	0.9^{3}67 52	0.9^{3}68 69	0.9^{3}69 82	0.9^{3}70 91	0.9^{3}71 97	0.9^{3}72 99	0.9^{3}73 98	0.9^{3}74 93	0.9^{3}75 85
3.5	0.9^{3}76 74	0.9^{3}77 59	0.9^{3}78 42	0.9^{3}79 22	0.9^{3}79 91	0.9^{3}80 74	0.9^{3}81 46	0.9^{3}82 15	0.9^{3}82 82	0.9^{3}83 47
3.6	0.9^{3}84 09	0.9^{3}84 69	0.9^{3}85 27	0.9^{3}85 83	0.9^{3}86 37	0.9^{3}86 89	0.9^{3}87 39	0.9^{3}87 87	0.9^{3}88 34	0.9^{3}88 79
3.7	0.9^{3}89 22	0.9^{3}89 64	0.9^{4}00 39	0.9^{4}04 26	0.9^{4}07 99	0.9^{4}11 58	0.9^{4}15 04	0.9^{4}18 38	0.9^{4}21 59	0.9^{4}24 68
3.8	0.9^{4}27 65	0.9^{4}30 52	0.9^{4}33 27	0.9^{4}35 93	0.9^{4}38 48	0.9^{4}40 94	0.9^{4}43 31	0.9^{4}45 58	0.9^{4}47 77	0.9^{4}49 88
3.9	0.9^{4}51 90	0.9^{4}53 85	0.9^{4}55 73	0.9^{4}57 53	0.9^{4}59 26	0.9^{4}60 92	0.9^{4}62 53	0.9^{4}64 06	0.9^{4}65 54	0.9^{4}66 96
4.0	0.9^{4}68 33	0.9^{4}69 64	0.9^{4}70 90	0.9^{4}72 11	0.9^{4}73 27	0.9^{4}74 39	0.9^{4}75 46	0.9^{4}76 49	0.9^{4}77 48	0.9^{4}78 43
4.1	0.9^{4}79 34	0.9^{4}80 22	0.9^{4}81 06	0.9^{4}81 86	0.9^{4}82 63	0.9^{4}83 38	0.9^{4}84 09	0.9^{4}84 77	0.9^{4}85 42	0.9^{4}86 05
4.2	0.9^{4}86 65	0.9^{4}87 23	0.9^{4}87 78	0.9^{4}88 32	0.9^{4}88 82	0.9^{4}89 31	0.9^{4}89 78	0.9^{5}02 26	0.9^{5}06 55	0.9^{5}10 66
4.3	0.9^{5}14 60	0.9^{5}18 37	0.9^{5}21 99	0.9^{5}25 45	0.9^{5}28 76	0.9^{5}31 93	0.9^{5}34 97	0.9^{5}37 88	0.9^{5}40 66	0.9^{5}43 32
4.4	0.9^{5}45 87	0.9^{5}48 31	0.9^{5}50 65	0.9^{5}52 88	0.9^{5}55 02	0.9^{5}57 06	0.9^{5}59 02	0.9^{5}60 89	0.9^{5}62 68	0.9^{5}64 39
4.5	0.9^{5}66 02	0.9^{5}67 59	0.9^{5}69 08	0.9^{5}70 51	0.9^{5}71 87	0.9^{5}73 18	0.9^{5}74 42	0.9^{5}75 61	0.9^{5}76 75	0.9^{5}77 84
4.6	0.9^{5}78 88	0.9^{5}79 87	0.9^{5}80 81	0.9^{5}81 72	0.9^{5}82 58	0.9^{5}83 40	0.9^{5}84 19	0.9^{5}84 94	0.9^{5}85 66	0.9^{5}86 34
4.7	0.9^{5}86 99	0.9^{5}87 61	0.9^{5}88 21	0.9^{5}88 77	0.9^{5}89 31	0.9^{5}89 83	0.9^{6}03 20	0.9^{6}07 89	0.9^{6}12 35	0.9^{6}16 61
4.8	0.9^{6}20 67	0.9^{6}24 53	0.9^{6}28 22	0.9^{6}31 73	0.9^{6}35 08	0.9^{6}38 27	0.9^{6}41 31	0.9^{6}44 20	0.9^{6}46 96	0.9^{6}49 58
4.9	0.9^{6}52 08	0.9^{6}54 46	0.9^{6}56 73	0.9^{6}58 89	0.9^{6}60 94	0.9^{6}62 89	0.9^{6}64 75	0.9^{6}66 52	0.9^{6}68 21	0.9^{6}69 81

注：(1)$0.9^{3}0 = 0.999\,0$，其余类似；(2)$0.0^{3}1 = 0.000\,1$，其余类似。

附表 2　Γ 函数表

$\Gamma(x)$

χ	0.000	0.001	0.002	0.003	0.004	0.005	0.006	0.007	0.008	0.009
1.00	1.000 0	0.999 4	0.998 8	0.998 3	0.997 7	0.997 1	0.996 6	0.996 0	0.995 4	0.994 9
1.01	0.994 3	0.993 8	0.993 2	0.992 7	0.992 1	0.991 6	0.991 0	0.990 5	0.989 9	0.989 4
1.02	0.988 8	0.988 3	0.987 8	0.987 2	0.986 7	0.986 2	0.985 6	0.985 1	0.984 6	0.984 1
1.03	0.983 5	0.983 0	0.982 5	0.982 0	0.981 5	0.981 0	0.980 5	0.980 0	0.979 4	0.978 9
1.04	0.978 4	0.977 9	0.977 4	0.976 9	0.976 4	0.975 9	0.975 5	0.975 0	0.974 5	0.974 0
1.05	0.973 5	0.973 0	0.972 5	0.972 1	0.971 6	0.971 1	0.970 6	0.970 2	0.969 7	0.969 2
1.06	0.968 7	0.968 3	0.967 8	0.967 3	0.966 9	0.966 4	0.966 0	0.965 5	0.965 1	0.964 6
1.07	0.961 2	0.963 7	0.963 3	0.962 8	0.962 4	0.961 9	0.961 5	0.961 0	0.960 6	0.960 2
1.08	0.959 7	0.959 3	0.958 9	0.958 4	0.958 0	0.957 6	0.957 1	0.956 7	0.956 3	0.955 9
1.09	0.955 5	0.955 0	0.954 6	0.954 2	0.953 8	0.953 4	0.953 0	0.952 6	0.952 2	0.951 3
1.10	0.951 4	0.950 9	0.950 5	0.950 1	0.949 8	0.949 4	0.949 0	0.948 6	0.948 2	0.947 8
1.11	0.947 4	0.947 0	0.946 6	0.946 2	0.945 9	0.945 5	0.945 1	0.944 7	0.944 3	0.944 0
1.12	0.943 6	0.943 2	0.942 8	0.942 5	0.942 1	0.941 7	0.941 4	0.941 0	0.940 7	0.940 3
1.13	0.939 9	0.939 6	0.939 2	0.938 9	0.938 5	0.938 2	0.937 8	0.937 5	0.937 1	0.936 8
1.14	0.936 4	0.936 1	0.935 7	0.935 4	0.935 0	0.934 7	0.934 4	0.934 0	0.933 7	0.933 4
1.15	0.933 0	0.937 2	0.932 4	0.932 1	0.931 7	0.931 4	0.931 1	0.930 8	0.930 4	0.930 1
1.16	0.929 8	0.929 5	0.929 2	0.928 9	0.928 5	0.928 2	0.927 9	0.927 6	0.927 3	0.927 0
1.17	0.926 7	0.926 4	0.926 1	0.925 8	0.925 5	0.925 2	0.924 9	0.924 6	0.924 3	0.924 0
1.18	0.923 7	0.923 4	0.923 1	0.922 9	0.922 3	0.922 3	0.922 0	0.921 7	0.921 4	0.921 2
1.19	0.920 9	0.920 6	0.920 3	0.920 1	0.919 8	0.919 5	0.919 2	0.919 0	0.918 7	0.918 4
1.20	0.918 2	0.917 9	0.917 6	0.917 4	0.917 1	0.916 9	0.916 6	0.916 3	0.916 1	0.915 8
1.21	0.915 6	0.915 3	0.915 1	0.914 8	0.914 6	0.914 3	0.914 1	0.913 8	0.913 6	0.913 3
1.22	0.913 1	0.912 9	0.912 6	0.912 4	0.912 2	0.914 9	0.911 7	0.911 4	0.911 2	0.911 0
1.23	0.910 8	0.910 5	0.910 3	0.910 1	0.909 8	0.909 6	0.909 4	0.909 2	0.909 0	0.908 7
1.24	0.908 5	0.908 3	0.908 1	0.907 9	0.907 7	0.907 4	0.907 2	0.907 0	0.906 8	0.906 6
1.25	0.906 4	0.906 2	0.906 0	0.905 8	0.905 6	0.905 4	0.905 2	0.905 0	0.904 8	0.904 6
1.26	0.904 4	0.904 2	0.904 0	0.903 8	0.903 6	0.903 4	0.903 2	0.903 1	0.902 9	0.902 7
1.27	0.902 5	0.902 3	0.902 1	0.902 0	0.901 8	0.901 6	0.901 4	0.901 2	0.901 1	0.900 9
1.28	0.900 7	0.900 5	0.900 4	0.900 2	0.900 0	0.899 9	0.899 7	0.899 5	0.899 4	0.899 2
1.29	0.899 0	0.898 9	0.898 7	0.898 6	0.898 4	0.898 2	0.898 1	0.897 9	0.897 8	0.897 6
1.30	0.897 5	0.897 3	0.897 2	0.897 0	0.896 9	0.896 7	0.896 5	0.896 4	0.896 3	0.896 1
1.31	0.896 0	0.895 9	0.895 7	0.895 6	0.895 4	0.895 3	0.895 2	0.895 0	0.894 9	0.894 8
1.32	0.894 6	0.894 5	0.894 4	0.894 3	0.894 1	0.894 0	0.893 9	0.893 7	0.893 6	0.893 5
1.33	0.893 4	0.893 3	0.893 1	0.893 0	0.892 9	0.892 8	0.892 7	0.892 6	0.892 4	0.892 3
1.34	0.892 2	0.892 1	0.892 0	0.891 9	0.891 8	0.891 7	0.891 6	0.891 5	0.891 4	0.891 2

续附表 2

χ	0.000	0.001	0.002	0.003	0.004	0.005	0.006	0.007	0.008	0.009
1.35	0.891 2	0.891 1	0.891 0	0.890 9	0.890 8	0.890 7	0.890 6	0.890 5	0.890 4	0.890 3
1.36	0.890 2	0.890 1	0.890 0	0.889 9	0.889 8	0.889 7	0.889 7	0.889 6	0.889 5	0.889 4
1.37	0.889 3	0.889 2	0.889 2	0.889 1	0.889 0	0.888 9	0.888 8	0.888 8	0.888 7	0.888 6
1.38	0.888 5	0.888 5	0.888 4	0.888 3	0.888 3	0.888 2	0.888 1	0.888 0	0.888 0	0.887 9
1.39	0.887 9	0.887 8	0.887 7	0.887 7	0.887 6	0.887 5	0.887 5	0.887 4	0.887 4	0.887 3
1.40	0.887 3	0.887 2	0.887 2	0.887 1	0.887 1	0.887 0	0.887 0	0.886 8	0.886 9	0.886 8
1.41	0.886 8	0.886 7	0.886 7	0.886 6	0.886 6	0.886 5	0.886 5	0.886 5	0.886 4	0.886 4
1.42	0.886 4	0.886 3	0.886 3	0.886 3	0.886 2	0.886 2	0.886 2	0.886 1	0.886 1	0.886 1
1.43	0.886 0	0.886 0	0.886 0	0.886 0	0.885 9	0.885 9	0.885 9	0.885 9	0.885 8	0.885 8
1.44	0.885 8	0.885 8	0.885 8	0.885 8	0.885 7	0.885 7	0.885 7	0.885 7	0.885 7	0.885 7
1.45	0.885 7	0.885 7	0.885 6	0.885 6	0.885 6	0.885 6	0.885 6	0.885 6	0.885 6	0.885 6
1.46	0.885 6	0.885 6	0.885 6	0.885 6	0.885 6	0.885 6	0.885 6	0.885 6	0.885 6	0.885 6
1.47	0.885 6	0.885 6	0.885 6	0.885 7	0.885 7	0.885 7	0.885 7	0.885 7	0.885 7	0.885 7
1.48	0.885 7	0.885 8	0.885 8	0.885 8	0.885 8	0.885 8	0.885 9	0.885 9	0.885 9	0.885 9
1.49	0.885 9	0.886 0	0.886 0	0.886 0	0.886 0	0.886 1	0.886 1	0.886 1	0.886 2	0.886 2
1.50	0.886 2	0.886 3	0.886 3	0.886 3	0.886 4	0.886 4	0.886 4	0.886 5	0.886 5	0.886 6
1.51	0.886 6	0.886 6	0.886 7	0.886 7	0.886 8	0.886 8	0.886 9	0.886 9	0.886 9	0.887 0
1.52	0.887 0	0.887 1	0.887 1	0.887 2	0.887 2	0.887 3	0.887 3	0.887 4	0.887 5	0.887 5
1.53	0.887 6	0.887 6	0.887 7	0.887 7	0.887 8	0.887 9	0.887 9	0.888 0	0.888 0	0.888 1
1.54	0.888 2	0.888 2	0.888 3	0.888 4	0.888 4	0.888 5	0.888 6	0.888 7	0.888 7	0.888 8
1.55	0.888 9	0.888 9	0.889 0	0.889 1	0.889 2	0.889 2	0.889 3	0.889 4	0.889 5	0.889 6
1.56	0.889 6	0.889 7	0.889 8	0.889 9	0.890 0	0.890 1	0.890 1	0.890 2	0.890 3	0.890 4
1.57	0.890 5	0.890 6	0.890 7	0.890 8	0.890 9	0.890 9	0.891 0	0.891 1	0.891 2	0.891 3
1.58	0.891 4	0.891 5	0.891 6	0.891 7	0.891 8	0.891 9	0.892 0	0.892 1	0.892 2	0.892 3
1.59	0.892 4	0.892 5	0.892 6	0.892 7	0.892 9	0.893 0	0.893 1	0.893 2	0.893 3	0.893 4
1.60	0.893 5	0.893 6	0.893 7	0.893 9	0.894 0	0.894 1	0.894 2	0.894 3	0.894 4	0.894 6
1.61	0.894 7	0.894 8	0.894 9	0.895 0	0.895 2	0.895 3	0.895 4	0.895 5	0.895 7	0.895 8
1.62	0.895 9	0.891 6	0.896 2	0.896 3	0.896 4	0.896 6	0.896 7	0.896 8	0.897 0	0.897 1
1.63	0.897 2	0.897 4	0.897 5	0.897 7	0.897 8	0.897 9	0.898 1	0.898 2	0.898 4	0.898 5
1.64	0.898 6	0.898 8	0.898 9	0.899 1	0.899 2	0.899 4	0.899 5	0.899 7	0.899 8	0.900 0
1.65	0.900 1	0.990 3	0.990 4	0.900 6	0.900 7	0.900 9	0.901 0	0.901 2	0.901 4	0.901 5
1.66	0.901 7	0.901 8	0.902 0	0.902 1	0.902 3	0.902 5	0.902 6	0.902 8	0.903 0	0.901 3
1.67	0.903 3	0.903 5	0.903 6	0.903 8	0.904 0	0.904 1	0.904 3	0.904 5	0.904 7	0.904 8
1.68	0.905 0	0.905 2	0.905 4	0.905 5	0.905 7	0.905 9	0.906 1	0.906 2	0.906 4	0.906 6
1.69	0.906 8	0.907 0	0.907 1	0.907 3	0.907 5	0.907 7	0.907 9	0.901 8	0.908 3	0.908 4

续附表 2

χ	0.000	0.001	0.002	0.003	0.004	0.005	0.006	0.007	0.008	0.009
1.70	0.908 6	0.908 8	0.909 0	0.909 2	0.909 4	0.909 6	0.909 8	0.910 0	0.910 2	0.910 4
1.71	0.910 6	0.910 8	0.911 0	0.911 2	0.911 4	0.911 6	0.911 8	0.912 0	0.912 2	0.912 4
1.72	0.912 6	0.912 8	0.913 0	0.943 2	0.913 4	0.913 6	0.913 8	0.914 0	0.914 2	0.914 5
1.73	0.914 7	0.914 9	0.915 1	0.915 3	0.915 5	0.915 7	0.916 0	0.914 6	0.916 4	0.916 6
1.74	0.916 8	0.917 0	0.917 3	0.917 5	0.917 7	0.917 9	0.918 2	0.914 8	0.918 6	0.918 8
1.75	0.919 1	0.919 3	0.919 5	0.919 7	0.920 0	0.920 2	0.920 4	0.920 7	0.920 9	0.921 1
1.76	0.921 4	0.921 6	0.921 8	0.922 1	0.922 3	0.922 6	0.922 8	0.923 0	0.923 3	0.923 5
1.77	0.923 8	0.924 0	0.924 2	0.924 5	0.924 7	0.925 0	0.925 2	0.925 5	0.925 7	0.926 0
1.78	0.926 2	0.925 6	0.926 7	0.927 0	0.927 2	0.927 5	0.927 7	0.928 0	0.928 3	0.928 5
1.79	0.928 8	0.929 0	0.929 3	0.929 5	0.929 8	0.930 1	0.930 3	0.930 6	0.930 9	0.931 1
1.80	0.931 4	0.931 6	0.931 9	0.932 2	0.932 5	0.932 7	0.933 0	0.933 3	0.933 5	0.933 8
1.81	0.934 1	0.934 3	0.934 6	0.934 9	0.935 2	0.935 5	0.935 7	0.936 0	0.936 3	0.936 6
1.82	0.936 8	0.931 7	0.937 4	0.937 7	0.938 0	0.938 3	0.938 5	0.938 8	0.939 1	0.939 4
1.83	0.939 7	0.940 0	0.940 3	0.940 6	0.940 8	0.941 1	0.941 4	0.941 7	0.942 0	0.942 3
1.84	0.942 6	0.942 9	0.943 2	0.943 5	0.943 8	0.944 1	0.944 4	0.944 7	0.945 0	0.945 3
1.85	0.945 6	0.945 9	0.946 2	0.946 5	0.946 8	0.947 1	0.947 4	0.947 8	0.948 1	0.948 4
1.86	0.948 7	0.949 0	0.949 3	0.949 6	0.949 9	0.950 3	0.950 6	0.950 9	0.951 2	0.951 5
1.87	0.951 8	0.952 2	0.952 5	0.952 8	0.953 1	0.953 4	0.953 8	0.984 1	0.954 4	0.954 7
1.88	0.955 1	0.955 4	0.955 7	0.956 1	0.956 4	0.956 7	0.957 0	0.957 4	0.957 7	0.958 0
1.89	0.954 8	0.958 7	0.959 1	0.959 4	0.959 7	0.960 4	0.960 4	0.960 7	0.961 1	0.961 4
1.90	0.961 8	0.962 1	0.962 5	0.962 8	0.963 1	0.963 5	0.963 8	0.964 2	0.964 5	0.964 9
1.91	0.965 2	0.965 6	0.965 9	0.966 3	0.966 6	0.967 0	0.967 3	0.967 7	0.968 1	0.968 4
1.92	0.968 8	0.969 1	0.969 5	0.969 9	0.970 6	0.970 6	0.970 9	0.971 3	0.971 7	0.972 0
1.93	0.972 4	0.972 8	0.973 1	0.973 5	0.973 9	0.974 2	0.974 6	0.975 0	0.975 4	0.975 7
1.94	0.976 1	0.976 5	0.976 8	0.977 2	0.977 6	0.978 0	0.978 4	0.978 7	0.979 1	0.979 5
1.95	0.979 9	0.980 3	0.980 6	0.981 0	0.981 4	0.981 8	0.982 2	0.982 6	0.983 0	0.983 4
1.96	0.983 7	0.984 1	0.984 5	0.984 9	0.985 3	0.985 7	0.986 1	0.986 5	0.986 9	0.987 3
1.97	0.987 7	0.988 1	0.988 5	0.988 9	0.989 3	0.989 7	0.990 1	0.990 5	0.990 9	0.991 3
1.98	0.991 7	0.992 1	0.992 5	0.992 9	0.993 3	0.993 8	0.994 2	0.994 6	0.995 0	0.995 4
1.99	0.995 8	0.996 2	0.996 6	0.997 1	0.997 5	0.997 9	0.998 3	0.998 7	0.999 2	0.999 6

参考文献

[1] O'CONNOR P D C,等.实用可靠性工程[M].李莉,等译.北京:电子工业出版社,2005.
[2] GERTSBAKH I. Reliability Theory[M]. Berlin:Springer,2005.
[3] 刘玉彬,王光远.工程结构广义可靠性理论[M].北京:科学出版社,2005.
[4] 姚卫星.结构疲劳寿命分析[M].北京:国防工业出版社,2003.
[5] 王少萍.工程可靠性[M].北京:北京航空航天大学出版社,2000.
[6] 黄祥瑞.可靠性工程[M].北京:清华大学出版社,1989.
[7] 王世萍,朱敏波.电子机械可靠性与维修性[M].北京:清华大学出版社,2000.
[8] 刘维信.机械可靠性设计[M].北京:清华大学出版社,1996.
[9] 李良巧,等.机械可靠性设计与分析[M].北京:国防工业出版社,1998.
[10] 黄洪钟.模糊设计[M].北京:机械工业出版社,1999.
[11] 徐灏.机械强度的可靠性设计[M].北京:机械工业出版社,1984.
[12] 梅启智,廖炯生,孙惠中.系统可靠性工程基础[M].北京:科学出版社,1992.
[13] 陆延孝,郑鹏洲.可靠性设计与分析[M].北京:国防工业出版社,1995.
[14] 朱文予.机械概率设计与模糊设计[M].北京:高等教育出版社,2001.
[15] 肖岗,李天柁.系统可靠性分析中的蒙特卡罗方法[M].北京:科学出版社,2003.
[16] 高镇同.疲劳应用统计学[M].北京:国防工业出版社,1986.
[17] 刘文铤,等.概率断裂力学与概率损伤容限/耐久性[M].北京:北京航空航天大学出版社,1999.
[18] 何水清,等.系统可靠性工程[M].北京:国防工业出版社,1988.
[19] 安伟光.结构系统可靠性和基于可靠性的优化设计[M].北京:国防工业出版社,1997.
[20] 邓正龙.过程系统的可靠性[M].北京:中国石化出版社,1996.
[21] 帕普力斯.概率随机变量与随机过程[M].谢国瑞,等译.北京:高等教育出版社,1983.
[22] 顾瑛.可靠性工程数学[M].北京:电子工业出版社,2004.
[23] 韩建友.高等机构学[M].北京:机械工业出版社,2004.
[24] 孙志礼,陈良玉.实用机械可靠性设计理论与方法[M].北京:科学出版社,2003.
[25] 曾声奎,赵延弟,等.系统可靠性设计分析教程[M].北京:北京航空航天大学出版社,2001.
[26] 左东红,贡凯青.安全系统工程[M].北京:化学工业出版社,2004.
[27] 顾祥柏.石油化工安全分析方法及应用[M].北京:化学工业出版社,2001.
[28] 李海泉,李刚.系统可靠性分析与设计[M].北京:科学出版社,2003.

[29] DODSON B, NOLAN D. Reliability Engineering Handbook[M]. New York: Marcel Dekker Inc., 1996.

[30] WASSERMAN. G S. Reliability verification, Testingand Analysis in Engineering Design[M]. New York: Marcel Dekker Inc., 2003.